信息技术应用创新系列教材

达梦数据库
管理与应用

主　编 ◎ 郭景辉　范丽萍　庄　鑫
副主编 ◎ 于海涛　郭　鑫　王继红　李宛珊
主　审 ◎ 金忠伟

中国水利水电出版社
www.waterpub.com.cn
·北京·

内 容 提 要

本书较为全面地介绍了 DM8 数据库的相关知识和技能，共 11 个单元，分为基础篇和实战篇两个部分，前 8 个单元为基础篇，包括 DM8 数据库的安装与实例创建、数据库的分析与设计、模式空间及表的创建、数据的增删改查操作、用户及角色管理、备份与还原，通过任务学习用 DM8 相关知识技术解决问题；后 3 个单元为实战篇，包括 DM8 数据库的连接、Java 连接和操作数据库、Python 连接和操作数据库，通过实例讲解 DM8 数据库在实际项目中的应用。全书依托教学管理系统，通过项目分解，任务驱动，让读者在解决问题中学习，直接把理论应用于实践，实现"用中学，学中用"。

本书是信息技术应用创新系列教材，涵盖"1+X"职业技能等级证书——数据库管理系统（中级）的理论知识和实操技术，可以作为软件技术、计算机网络技术、大数据技术等开设数据库课程的相关专业教学教材，也可以作为"1+X"数据库管理系统证书考试教材，还可作为数据库相关从业人员的自学用书。

图书在版编目（CIP）数据

达梦数据库管理与应用 / 郭景辉，范丽萍，庄鑫主编. -- 北京：中国水利水电出版社，2025.4. -- （信息技术应用创新系列教材）. -- ISBN 978-7-5226-3250-6

Ⅰ.TP311.132.3

中国国家版本馆 CIP 数据核字第 2025L4M590 号

责任编辑：魏渊源　　　加工编辑：丰芸　　　封面设计：苏敏

书　名	信息技术应用创新系列教材 **达梦数据库管理与应用** DAMENG SHUJUKU GUANLI YU YINGYONG
作　者	主　编　郭景辉　范丽萍　庄　鑫 副主编　于海涛　郭　鑫　王继红　李宛珊 主　审　金忠伟
出版发行	中国水利水电出版社 （北京市海淀区玉渊潭南路 1 号 D 座　100038） 网址：www.waterpub.com.cn E-mail: mchannel@263.net（答疑） 　　　　sales@mwr.gov.cn 电话：（010）68545888（营销中心）、82562819（组稿）
经　售	北京科水图书销售有限公司 电话：（010）68545874、63202643 全国各地新华书店和相关出版物销售网点
排　版	北京万水电子信息有限公司
印　刷	三河市德贤弘印务有限公司
规　格	210mm×285mm　16 开本　12.75 印张　326 千字
版　次	2025 年 4 月第 1 版　2025 年 4 月第 1 次印刷
印　数	0001—2000 册
定　价	42.00 元

凡购买我社图书，如有缺页、倒页、脱页的，本社营销中心负责调换

版权所有·侵权必究

前 言

本书是信息技术应用创新系列教材,从强化培养操作技能,掌握实用技术的角度出发,较好地体现了实用知识与操作技术,旨在培养学生的数据库设计、创建、操作和基本管理能力,对提高从业人员的基本素质,掌握数据库开发和管理相关岗位的核心知识与技能有直接的帮助和指导作用。

本书为项目化教材,按照"任务描述—知识准备—任务实施—任务小结"进行编排,使学生循序渐进地学习,在对照比较中理解知识、化解难点、训练技能。通过对项目进行分解,采用任务驱动的编写方法,打破传统的以知识传授为主线的知识架构。此外本书步骤详细、图文并茂,通过详细的文字解说搭配相应的图示,辅以细致的视频解说,每个步骤清晰易懂、一目了然。

本书基于 DM8 数据库,依托教务管理系统,通过对教务管理系统的功能分解,把 DM8 数据库各部分知识点与教务管理系统的功能相结合,以实际应用为场景,用理论知识点解决实际需求,实现真正的学以致用。全书共 11 个单元,内容包括达梦数据库的安装、实例的创建、数据库的分析与设计、数据库的创建、数据库的增删改操作、数据库的基本查询和高级查询、数据库的备份与还原、用户管理、Java 语言和 Python 语言分别连接达梦数据库和对数据库的基本操作。依托项目,以逐步累加的形式实现数据库的从无到有,从有到应用再到实际开发,由浅入深,使读者快速掌握达梦数据库相关理论知识和实践操作技术。

本书由具有一线教学经验的老师和企业一线工程师共同编写,作者来自黑龙江交通职业技术学院、黑龙江建筑职业技术学院、黑龙江农业工程职业学院、哈尔滨科技职业技术学院、黑龙江民族职业学院、黑龙江生态工程职业学院,其中单元 1、单元 4、单元 10 由郭景辉老师编写,单元 2、单元 11 由范丽萍老师编写,单元 6、单元 9 由庄鑫老师编写,单元 3 由于海涛老师编写,单元 5 由李宛珊老师编写,单元 7 由郭鑫老师编写,单元 8 由王继红老师编写,参编人员还有鞠红老师、张铁红老师、张俊卿老师、赵丽老师、赵荔老师,同时感谢武汉达梦数据库股份有限公司张守帅、韩珂、李梦等多位工程师给予的指导与帮助。

限于编写时间和编者水平,书中难免有疏漏和不当之处,恳请广大读者批评指正。

编 者
2024 年 12 月

目 录

前言

基 础 篇

单元 1　达梦数据库环境部署 1
　任务 1.1　Windows 环境下达梦数据库的安装
　　　　　与卸载 1
　　任务描述 1
　　知识准备 2
　　任务实施 3
　　任务小结 11
　任务 1.2　Linux（UNIX）环境下达梦数据库的
　　　　　安装与卸载 12
　　任务描述 12
　　知识准备 12
　　任务实施 15
　　任务小结 31
　习题 1 31
单元 2　教务管理系统数据库的分析与设计 32
　任务 2.1　教务管理系统数据库分析 33
　　任务描述 33
　　知识准备 33
　　任务实施 37
　　任务小结 39
　任务 2.2　教务管理系统数据库设计 39
　　任务描述 39
　　知识准备 39
　　任务实施 42
　　任务小结 43
　习题 2 44
单元 3　教务管理系统数据库的创建 45
　任务 3.1　创建和管理教务管理系统数据库中的
　　　　　表空间 45
　　任务描述 45
　　知识准备 46
　　任务实施 47
　　任务小结 54
　任务 3.2　创建教务管理系统数据库中的表 54
　　任务描述 54
　　知识准备 54

　　任务实施 56
　　任务小结 62
　习题 3 63
单元 4　教务管理系统的数据操作 64
　任务 4.1　新增教务管理系统基础数据 65
　　任务描述 65
　　知识准备 65
　　任务实施 67
　　任务小结 73
　任务 4.2　更新教务信息 74
　　任务描述 74
　　知识准备 74
　　任务实施 77
　　任务小结 78
　任务 4.3　删除教务信息 78
　　任务描述 78
　　知识准备 79
　　任务实施 81
　　任务小结 82
　习题 4 83
单元 5　教务管理数据的基本查询 84
　任务 5.1　教务管理系统数据库中数据的单表
　　　　　查询 84
　　任务描述 84
　　知识准备 85
　　任务实施 85
　　任务小结 93
　任务 5.2　教务管理系统数据库中数据的函数
　　　　　查询 93
　　任务描述 93
　　知识准备 93
　　任务实施 94
　　任务小结 97
　习题 5 97
单元 6　教务管理数据的高级查询 99
　任务 6.1　基于多表连接查询教务信息 99
　　任务描述 99
　　知识准备 100

    任务实施 ……………………………… 101
    任务小结 ……………………………… 106
  任务 6.2 利用嵌套语句查询教务信息 ……… 106
    任务描述 ……………………………… 106
    知识准备 ……………………………… 106
    任务实施 ……………………………… 108
    任务小结 ……………………………… 110
  任务 6.3 排序与分类汇总 …………………… 110
    任务描述 ……………………………… 110
    知识准备 ……………………………… 110
    任务实施 ……………………………… 112
    任务小结 ……………………………… 114
  习题 6 …………………………………………… 115
单元 7 教务管理系统数据库的备份与还原 ……… 116
  任务 7.1 教务管理系统数据库备份 ………… 117
    任务描述 ……………………………… 117
    知识准备 ……………………………… 117
    任务实施 ……………………………… 117
    任务小结 ……………………………… 124
  任务 7.2 教务管理系统数据库还原恢复 …… 124
    任务描述 ……………………………… 124
    知识准备 ……………………………… 124
    任务实施 ……………………………… 125
    任务小结 ……………………………… 127
  任务 7.3 利用 SQL 语句备份还原教务管理系统
      数据库 ……………………………… 127
    任务描述 ……………………………… 127
    知识准备 ……………………………… 127
    任务实施 ……………………………… 132
    任务小结 ……………………………… 133
  习题 7 …………………………………………… 133
单元 8 达梦数据库用户管理 ……………………… 134
  任务 8.1 创建和管理用户 …………………… 135
    任务描述 ……………………………… 135
    知识准备 ……………………………… 135
    任务实施 ……………………………… 140
    任务小结 ……………………………… 146
  任务 8.2 角色管理 …………………………… 146
    任务描述 ……………………………… 146
    知识准备 ……………………………… 146
    任务实施 ……………………………… 148

    任务小结 ……………………………… 151
  习题 8 …………………………………………… 152

实 战 篇

单元 9 达梦数据库的应用连接 ………………… 153
  任务 9.1 ODBC 接口配置 …………………… 153
    任务描述 ……………………………… 153
    知识准备 ……………………………… 153
    任务实施 ……………………………… 154
    任务小结 ……………………………… 156
  任务 9.2 JDBC 接口配置 …………………… 156
    任务描述 ……………………………… 156
    知识准备 ……………………………… 157
    任务实施 ……………………………… 157
    任务小结 ……………………………… 164
  习题 9 …………………………………………… 164
单元 10 基于 Java 语言的达梦数据库操作 ……… 165
  任务 10.1 达梦数据库的连接 ……………… 165
    任务描述 ……………………………… 165
    知识准备 ……………………………… 166
    任务实施 ……………………………… 167
    任务小结 ……………………………… 170
  任务 10.2 数据的增删改查操作 …………… 170
    任务描述 ……………………………… 170
    知识准备 ……………………………… 170
    任务实施 ……………………………… 171
    任务小结 ……………………………… 179
  习题 10 ………………………………………… 180
单元 11 基于 Python 语言的达梦数据库操作 …… 181
  任务 11.1 达梦数据库的连接 ……………… 181
    任务描述 ……………………………… 181
    知识准备 ……………………………… 182
    任务实施 ……………………………… 193
    任务小结 ……………………………… 194
  任务 11.2 数据的增删改查操作 …………… 194
    任务描述 ……………………………… 194
    知识准备 ……………………………… 194
    任务实施 ……………………………… 194
    任务小结 ……………………………… 196
  习题 11 ………………………………………… 196
参考文献 ………………………………………………… 198

基 础 篇

单元 1　达梦数据库环境部署

单元导读

随着信息技术应用创新产业的发展，达梦数据库成为国内数据库技术的领导者，在提升国产技术的同时，保证了国家数据安全，树立了民族自信。

本单元以图形化操作和命令行窗口操作两种方式分别在 Windows 系统和 Linux 系统上进行安装部署。在整个过程中，学生需要认真读文档、学文档，培养分析问题和解决问题的能力。

品德塑造

达梦数据库作为国产数据库的代表，其部署过程不仅是技术实践，更承载着核心技术自主可控的时代使命。希望广大学生能够深刻体会国产数据库在打破国外技术垄断、保障国家数据安全中的战略意义，树立科技报国的责任感。在部署环节中，从操作系统适配到安全策略制定，每个步骤都贯彻着自主创新理念，这既是对技术细节的严谨把控，也是对维护国家信息主权的实践认知。通过这一过程，不仅能掌握专业技能，更能深刻体会"把关键核心技术掌握在自己手中"的深刻内涵，树立起科技工作者的家国情怀与使命担当，为未来投身数字中国建设筑牢思想根基。

单元目标

知识目标
- 掌握 Windows 系统环境下达梦数据库的安装与卸载。
- 掌握 Linux 系统环境下达梦数据库的安装与卸载。

能力目标
- 能够参照安装文档完成达梦数据库的安装与卸载。
- 能够熟练调出达梦数据库的可视化窗口。
- 能够熟练使用 Linux 命令。

素养目标
- 养成读文档、学文档和用文档的良好习惯。
- 养成分析问题和解决问题的能力。

任务 1.1　Windows 环境下达梦数据库的安装与卸载

任务描述

为了满足项目开发的需要，在机器上要提前安装和配置好达梦数据库。本次任务要在 Windows 系统上安装达梦数据库，数据库实例名称为 DM8SERVER。

知识准备

用户在安装达梦数据库之前需要检查或修改操作系统的配置，以保证达梦数据库正确安装和运行。安装程序说明将以 Windows 10 for x86-64 系统为例，由于不同 Windows 操作系统的系统图形界面不尽相同，具体步骤及操作请以本机系统为准。

1. 检查系统信息

用户在安装达梦数据库前，需要检查当前操作系统的相关信息，确认达梦数据库安装程序与当前操作系统匹配，以保证达梦数据库能够正确安装和运行。用户可以在终端中输入 systeminfo 命令进行查询，如图 1.1 所示。

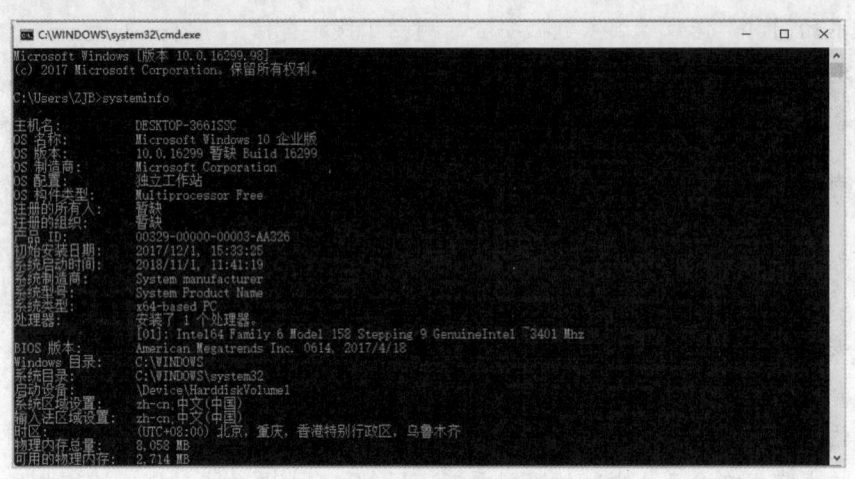

图 1.1　查询系统信息

2. 检查内存

为了保证达梦数据库的正确安装和运行，要尽量保证操作系统至少有 1GB 的可用内存（Random Access Memory，RAM）。如果可用内存过少，可能导致达梦数据库安装或启动失败。用户可以通过"任务管理器"查看可用内存，如图 1.2 所示。

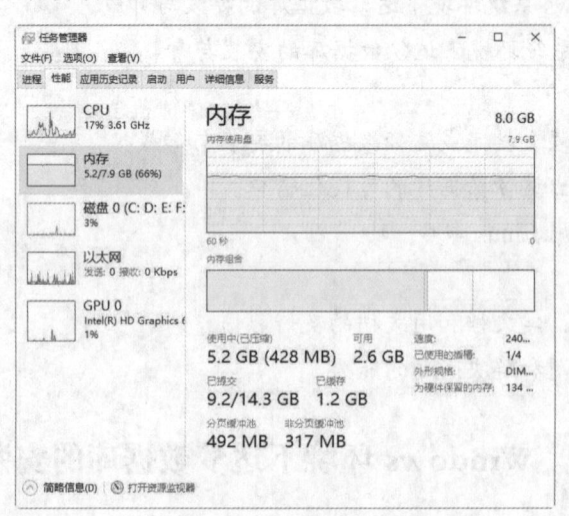

图 1.2　查看内存

3. 检查存储空间

达梦数据库完全安装需要 1GB 的存储空间，用户需要提前规划好安装目录，预留足够的存储空间。用户在达梦数据库安装前也应该为数据库实例预留足够的存储空间，规划好数据路径和备份路径。

任务实施

1. 安装达梦数据库

（1）下载达梦数据库 Windows 版本软件包。

登录达梦官网，访问"达梦在线服务平台"，选择"下载"，或直接访问对应网址，如图 1.3 所示。选择对应 CPU 平台和操作系统版本，单击"立即下载"按钮，即可下载达梦数据库安装包。

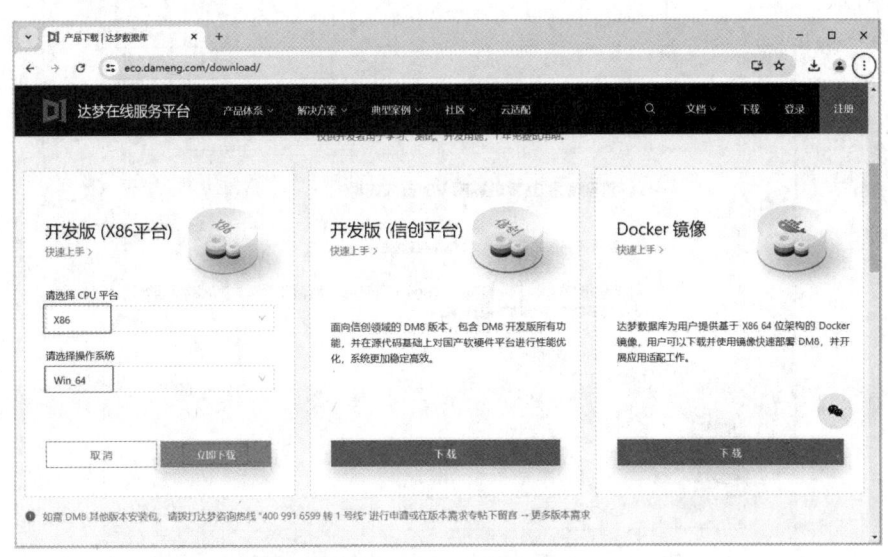

图 1.3　安装包下载页面

（2）安装达梦数据库驱动。

以下载的安装包 dm8_20240710_x86_win_64.zip 为例，解压 ZIP 文件，双击打开 dm8_20240710_x86_win_64.iso 镜像文件，打开图 1.4 所示窗口，或者提前安装 ISO 文件读取软件，如 UltraISO，双击 ISO 镜像文件后，提取文件到指定目录，如 E:/dameng。

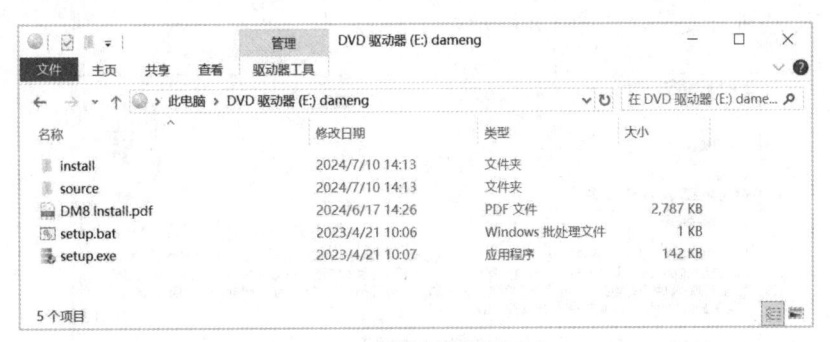

图 1.4　ISO 镜像文件打开窗口

双击 setup.exe 安装程序后，程序将检测当前计算机系统是否已经安装其他版本达梦数据库。如果存在其他版本达梦数据库，将弹出提示对话框，如图 1.5 所示。

单击"确定"按钮继续安装，将弹出"选择语言与时区"对话框。单击"取消"按钮则退出安装。

（3）选择语言与时区。

根据系统配置选择相应语言与时区，单击"确定"按钮继续安装，如图 1.6 所示。

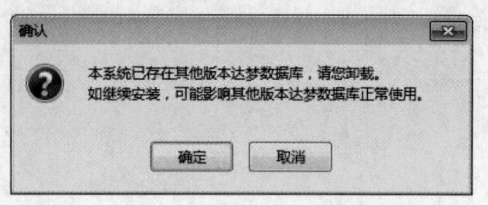

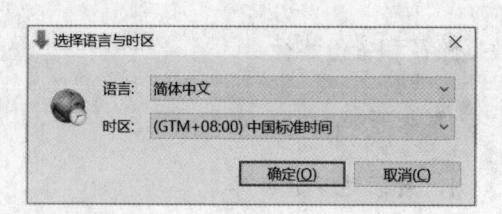

图 1.5 "确认"对话框　　　　图 1.6 "选择语言与时区"对话框

（4）打开安装向导。

打开达梦数据库安装程序，进入"安装向导"页面，单击"下一步"按钮继续安装，如图 1.7 所示。

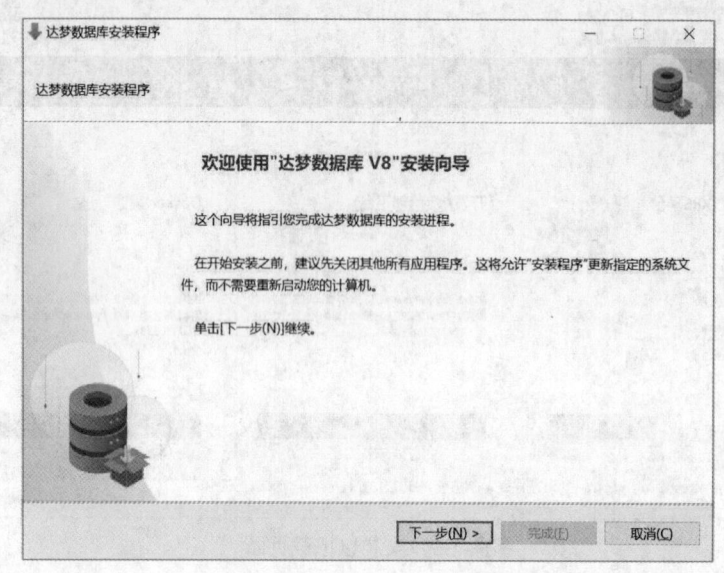

图 1.7 "安装向导"页面

（5）许可证协议。

在安装和使用达梦数据库之前，该安装程序需要用户阅读许可协议条款，用户如接受该协议，则选中"接受"单选项，并单击"下一步"按钮继续安装；用户若选中"不接受"单选项，将无法进行安装，如图 1.8 所示。

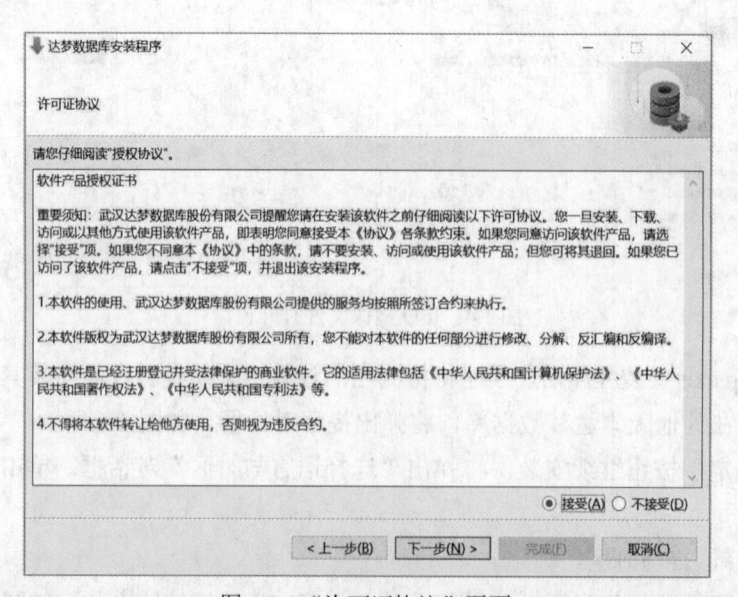

图 1.8 "许可证协议"页面

（6）验证 Key 文件。

用户单击"浏览"按钮，选取 Key 文件，安装程序将自动验证 Key 文件信息。如果是合法的 Key 文件且在有效期内，用户可以直接单击"下一步"按钮继续安装，如图 1.9 所示。

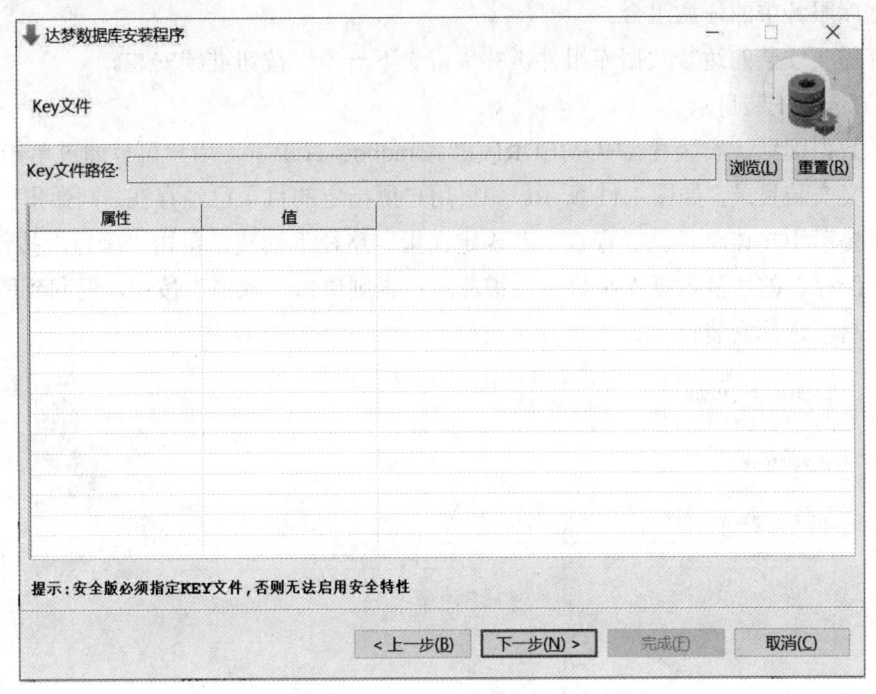

图 1.9 Key 文件验证

（7）选择安装组件。

达梦数据库安装程序提供四种安装方式："典型安装"、"服务器安装"、"客户端安装"和"自定义安装"，用户可根据实际情况灵活选择，如图 1.10 所示。

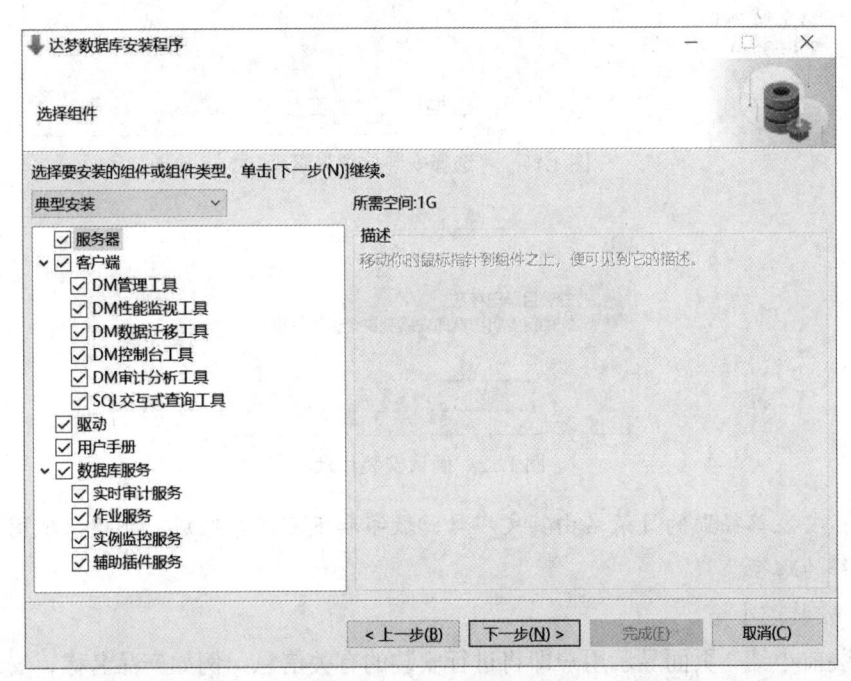

图 1.10 "选择组件"页面

1）典型安装包括服务器、客户端、驱动、用户手册、数据库服务。

2）服务器安装包括服务器、驱动、用户手册、数据库服务。

3）客户端安装包括客户端、驱动、用户手册。

4）自定义安装包括用户根据需求勾选的组件，可以是服务器、客户端、驱动、用户手册、数据库服务中的任意组合。

选择需要安装的达梦数据库组件，并单击"下一步"按钮继续安装。

（8）选择安装目录。

达梦数据库默认安装在%HOMEDRIVE%\dmdbms 目录下，用户可以通过单击"浏览"按钮自定义安装目录，如图 1.11 所示。如果用户所指定的目录已经存在，则弹出图 1.12 所示对话框提示用户该路径已经存在。若确定在指定路径下安装，单击"确定"按钮，则该路径下已经存在的达梦数据库组件将会被覆盖；否则单击"取消"按钮，返回到图 1.11 所示界面，重新选择安装目录。

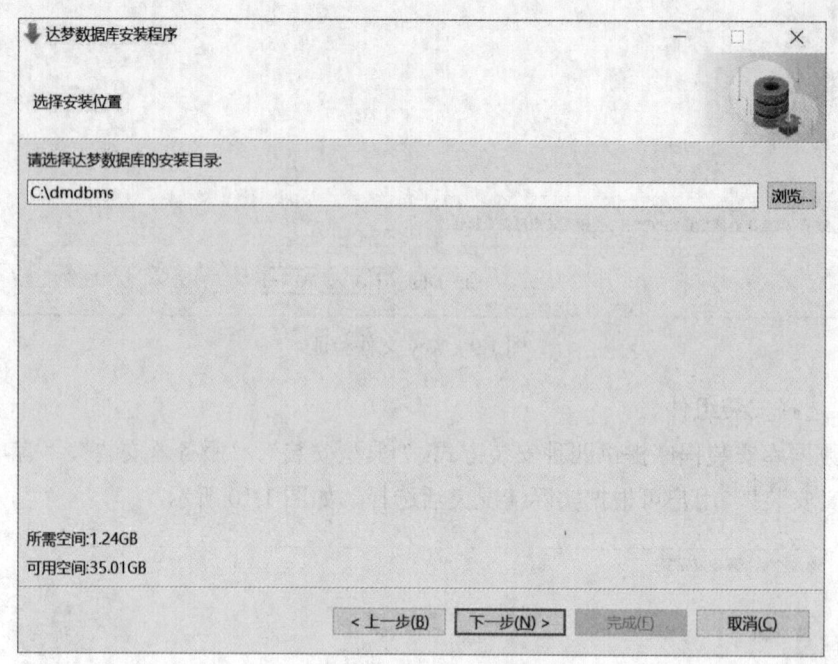

图 1.11 "选择安装位置"页面

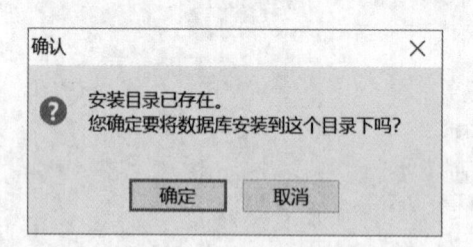

图 1.12 确认安装目录

说明：安装路径里的目录名由英文字母、数字和下划线等组成，不建议使用包含空格和中文字符的路径。

（9）安装前小结。

"安装前小结"页面显示用户即将进行安装的有关信息，例如产品名称、安装类型、安装目录、所需空间、可用空间、可用内存等信息，用户检查无误后单击"安装"按钮进行达梦数据库的安装，如图 1.13 所示。

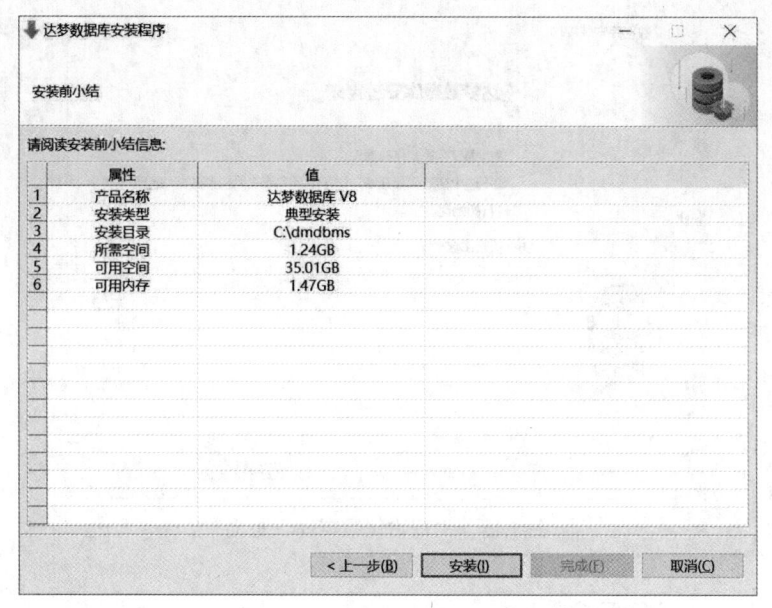

图1.13 "安装前小结"页面

（10）安装过程。

安装过程如图1.14所示。

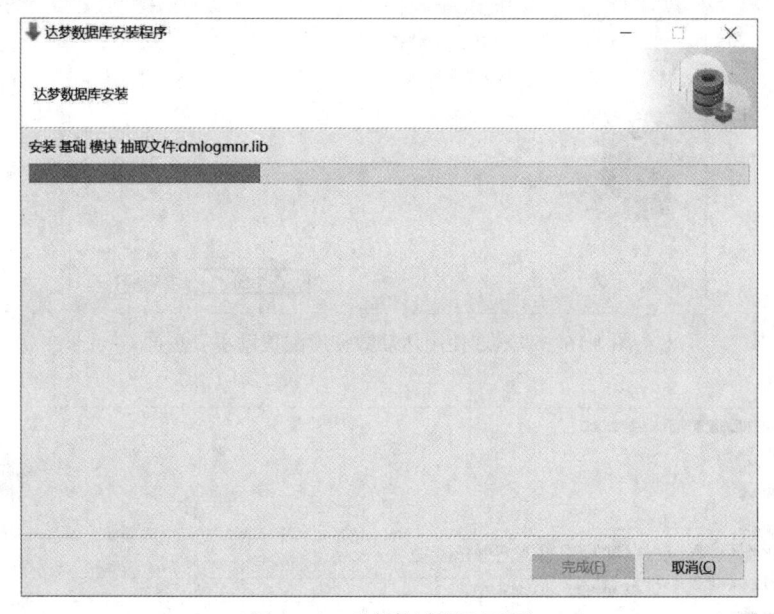

图1.14 "安装过程"页面

（11）初始化数据库。

如果用户在选择安装组件时选中服务器组件，安装过程结束后，将会提示是否初始化数据库，如果图1.15所示。若用户未安装服务器组件，安装完成后，单击"完成"按钮将直接退出。单击"取消"按钮将完成安装，关闭对话框。

若用户勾选"初始化数据库"复选框，单击"初始化"按钮将弹出数据库配置工具，如图1.16所示。

单击"开始"按钮进入"创建数据库实例"页面，根据向导一直单击"下一步"按钮，直到进入"数据库标识"页面，根据需要自行设置数据库名、实例名、端口号，如图1.17所示。

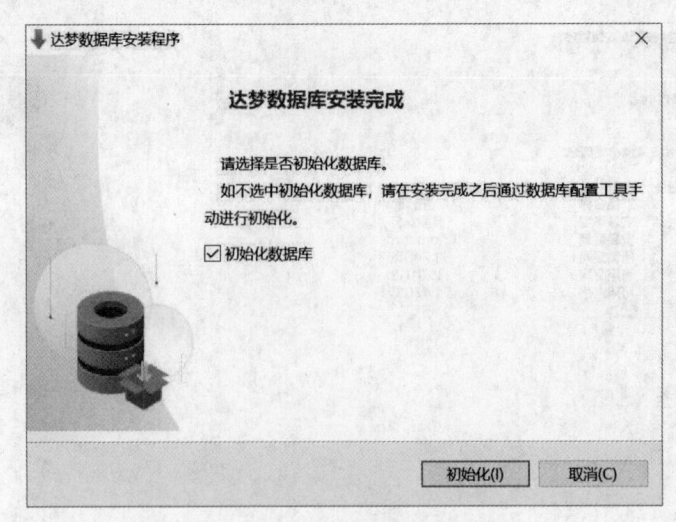

图 1.15 "初始化数据库"页面

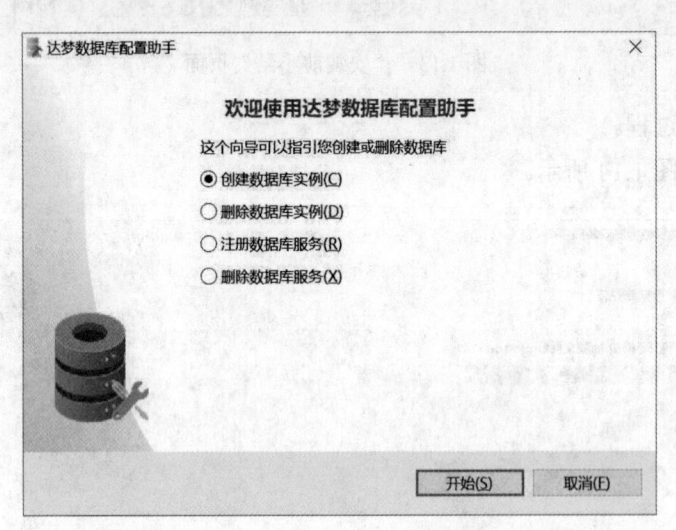

图 1.16 "欢迎使用达梦数据库配置助手"页面

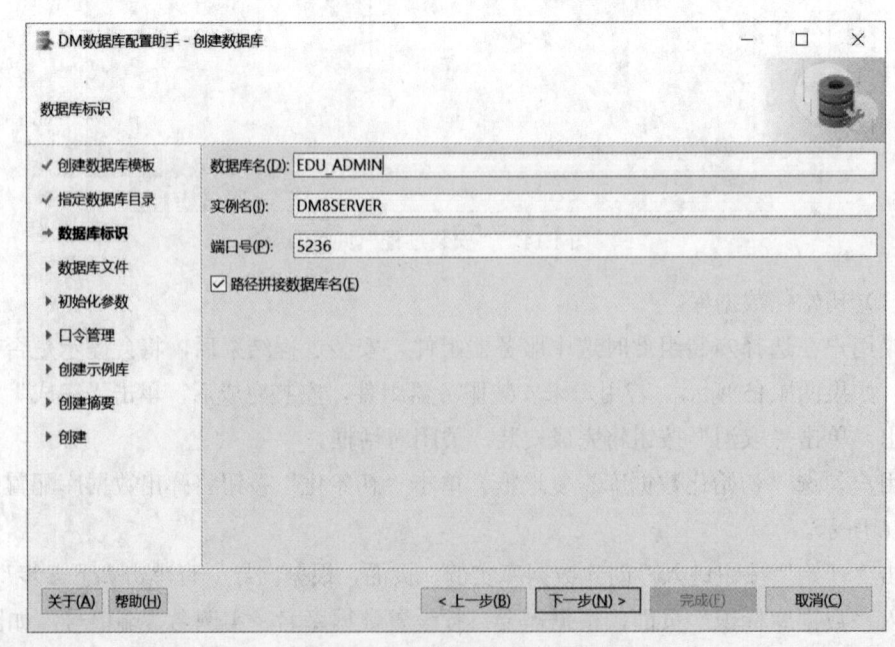

图 1.17 "数据库标识"页面

在"口令管理"页面，选中"所有系统用户使用同一口令"项，然后设置口令和确认口令，这里设置为 Dameng123，如图 1.18 所示。

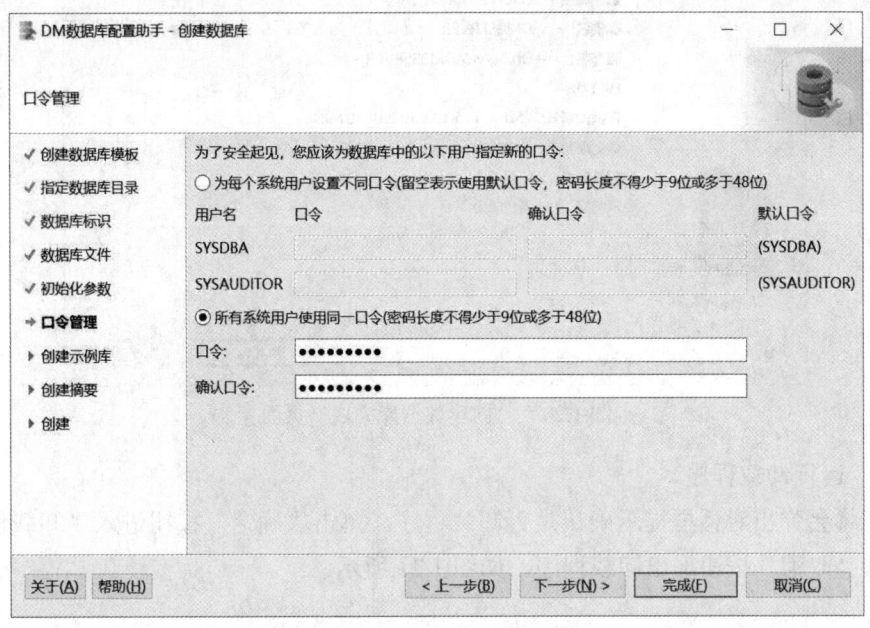

图 1.18 "口令管理"页面

进入"创建示例库"页面，勾选右侧两个复选框，创建数据库示例，如图 1.19 所示。

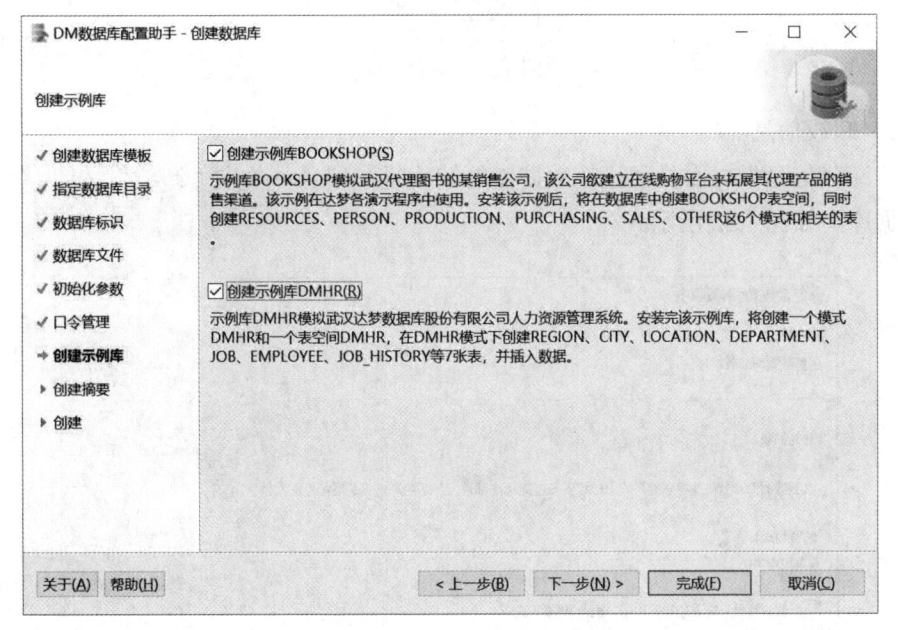

图 1.19 "创建示例库"页面

最后在"创建数据库完成"页面中单击"完成"按钮，表示达梦数据库安装创建完成，如图 1.20 所示。

2. 卸载达梦数据库

达梦数据库提供的卸载方式为全部卸载。在 Windows 操作系统的菜单中找到"达梦数据库"，然后单击"卸载"选项；也可以在达梦数据库安装目录下找到卸载程序 uninstall.exe 来执行卸载。

图 1.20 "创建数据库完成"页面

（1）运行卸载程序。

程序将会弹出对话框提示确认是否卸载程序。单击"确定"按钮进入"卸载信息"页面，单击"取消"按钮退出卸载程序，如图 1.21 所示。

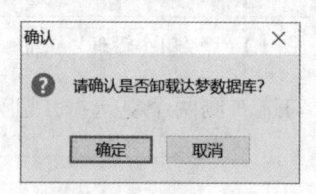

图 1.21 确认卸载

（2）卸载信息。

在"卸载信息"页面显示达梦数据库的卸载目录信息。单击"卸载"按钮，开始卸载达梦数据库，如图 1.22 所示。

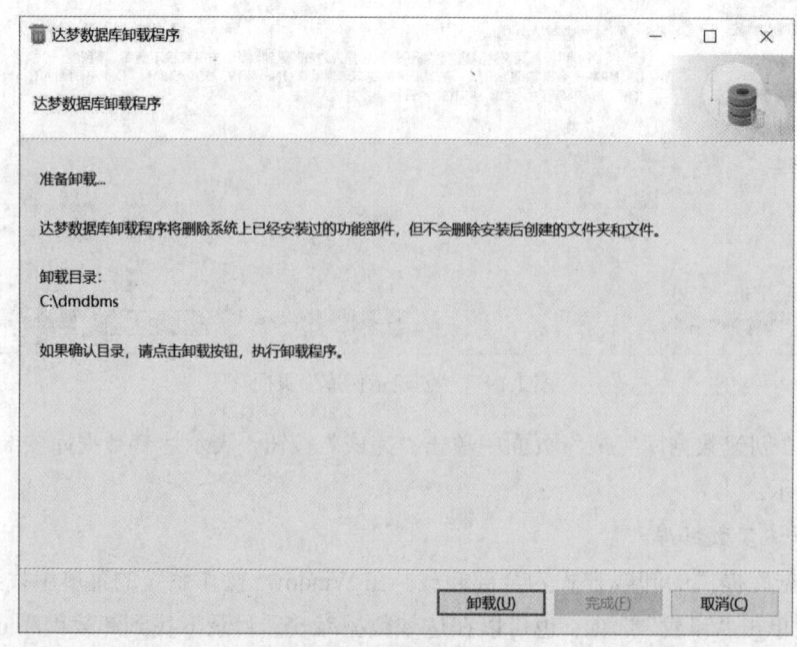

图 1.22 "卸载信息"页面

（3）卸载。

在"卸载进度"页面显示卸载进度，如图 1.23 所示。

图 1.23　"卸载进度"页面

单击"完成"按钮结束卸载，如图 1.24 所示。卸载程序不会删除安装目录下有用户数据的库文件以及安装达梦数据库后使用过程中产生的一些文件。用户可以根据需要手动删除这些内容。

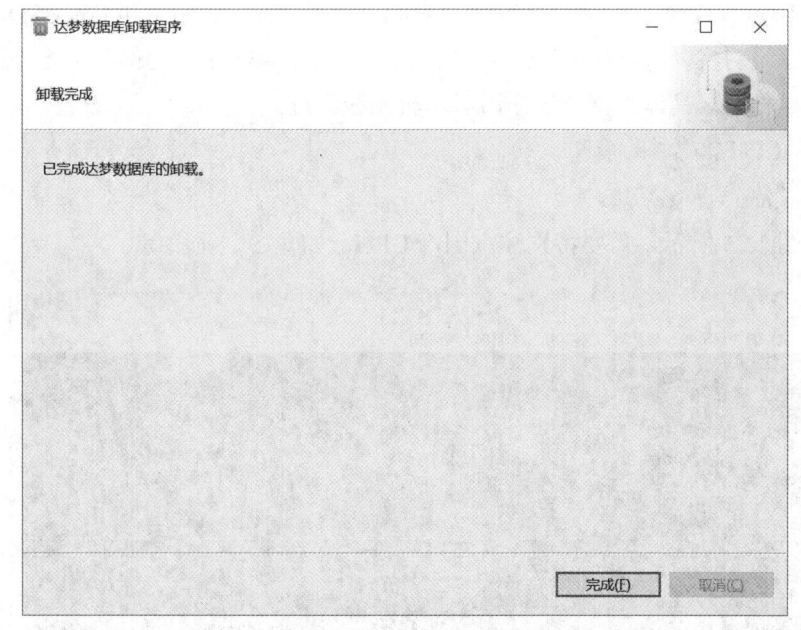

图 1.24　"卸载完成"页面

任务小结

在 Windows 系统下安装达梦数据库的过程涉及几个关键步骤，包括确认安装路径、进行安装前的小结、执行安装过程、初始化数据库等。首先，用户需要确定安装路径，建议使用英文字母、数字和下划线组成的路径，避免使用包含空格和中文字符的路径。在安装前，系统会显示用户即将进行的有关安装信息，如产品名称、安装类型、安装目录、所需空间、可用空间、可用内存等，用户检查无误后即可单击"安装"按钮进行达梦数据库的安装。如果在指定路径下已存在某些组件，可以选择覆盖或取消安装。安装过程中，如果用户选中了服务器组件，在安装结束时将会提示是否初始化数据库。如果用户选择初始化，将弹出数据库配置工具，用户可以根据提示完成数据库的初始化设置。

卸载达梦数据库可以在开始菜单中找到"达梦数据库"，用鼠标右击，然后直接选择卸载，或者进入达梦数据库的安装目录，然后执行 uninstall.exe 文件进行卸载。在卸载前，需要关闭创建的数据库实例服务。值得注意的是，卸载后安装目录中可能还会残留一些文件，如果下次在同一目录下重新安装，可能需要手动删除这些残留文件。

任务 1.2　Linux（UNIX）环境下达梦数据库的安装与卸载

任务描述

为了满足项目开发的需要，在机器上要提前安装和配置好达梦数据库。本次任务完成在 Linux 系统上安装达梦数据库，数据库实例名称为 DM8SERVER。

知识准备

用户在安装达梦数据库之前需要检查或修改操作系统的配置，以保证正确安装和运行。本书提到的 Linux（UNIX），包括 Linux、AIX、HP-UNIX、Solaris 和 FreeBSD 操作系统。以下安装程序说明将以 Red Hat Enterprise Linux 6 for x86-64 系统为例，由于不同操作系统系统命令不尽相同，具体步骤及操作请以本机系统为准。

1. 查看 CPU 信息

[root@localhost ~]# lscpu

结果如图 1.25 所示，需要特别注意国产 CPU，如龙芯、飞腾等。

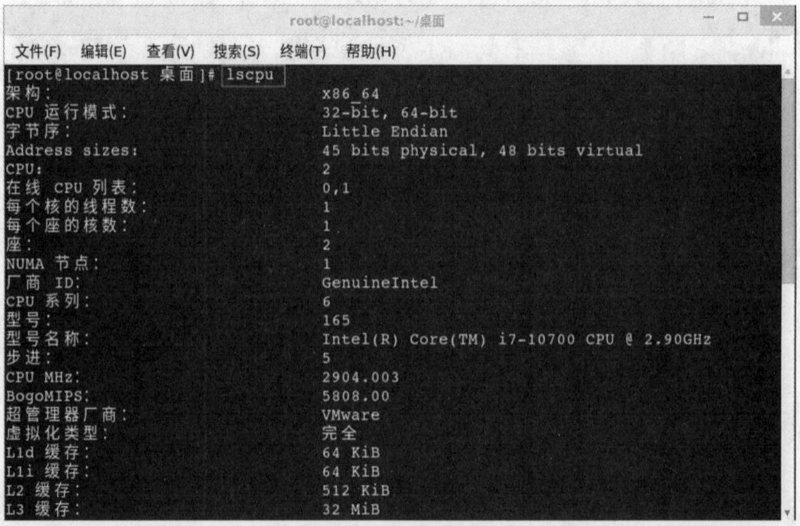

图 1.25　CPU 信息

2. 查看内存信息

```
[root@localhost ~]# free -m
```

要求内存至少为 1GB，结果如图 1.26 所示。

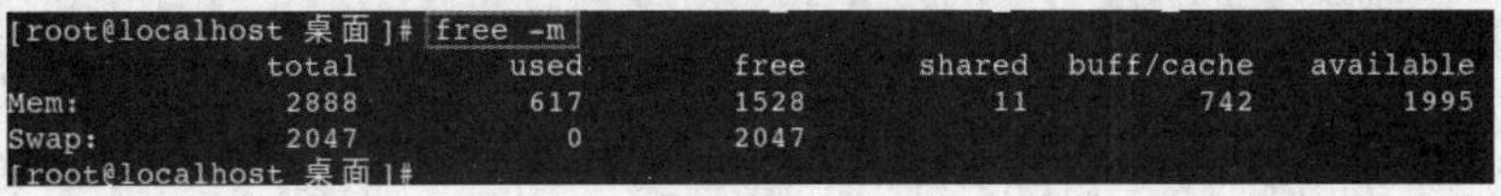

```
[root@localhost 桌面]# free -m
              total        used        free      shared  buff/cache   available
Mem:           2888         617        1528          11         742        1995
Swap:          2047           0        2047
[root@localhost 桌面]#
```

图 1.26　内存信息

3. 查看磁盘及分区信息

```
[root@localhost ~]# fdisk -l
[root@localhost ~]# df -h
```

DM8 数据库软件的安装，要求/tmp 分区至少要有 2GB 空间，结果如图 1.27 和图 1.28 所示。

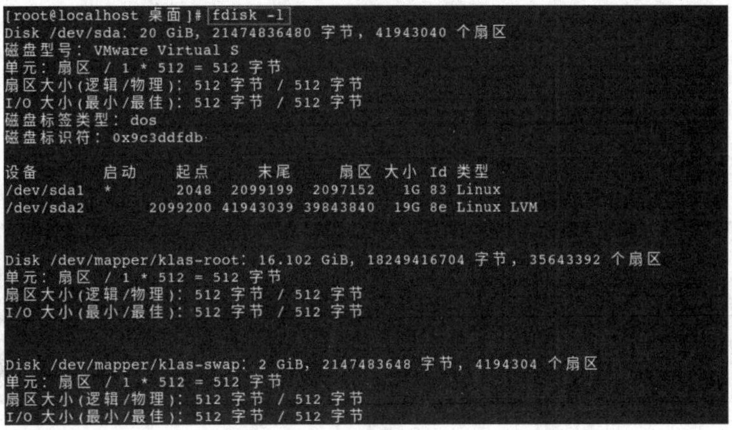

```
[root@localhost 桌面]# fdisk -l
Disk /dev/sda: 20 GiB, 21474836480 字节, 41943040 个扇区
磁盘型号: VMware Virtual S
单元: 扇区 / 1 * 512 = 512 字节
扇区大小(逻辑/物理): 512 字节 / 512 字节
I/O 大小(最小/最佳): 512 字节 / 512 字节
磁盘标签类型: dos
磁盘标识符: 0x9c3ddfdb

设备        启动    起点     末尾     扇区 大小 Id 类型
/dev/sda1   *       2048  2099199  2097152   1G 83 Linux
/dev/sda2        2099200 41943039 39843840  19G 8e Linux LVM


Disk /dev/mapper/klas-root: 16.102 GiB, 18249416704 字节, 35643392 个扇区
单元: 扇区 / 1 * 512 = 512 字节
扇区大小(逻辑/物理): 512 字节 / 512 字节
I/O 大小(最小/最佳): 512 字节 / 512 字节


Disk /dev/mapper/klas-swap: 2 GiB, 2147483648 字节, 4194304 个扇区
单元: 扇区 / 1 * 512 = 512 字节
扇区大小(逻辑/物理): 512 字节 / 512 字节
I/O 大小(最小/最佳): 512 字节 / 512 字节
```

图 1.27　磁盘分区信息

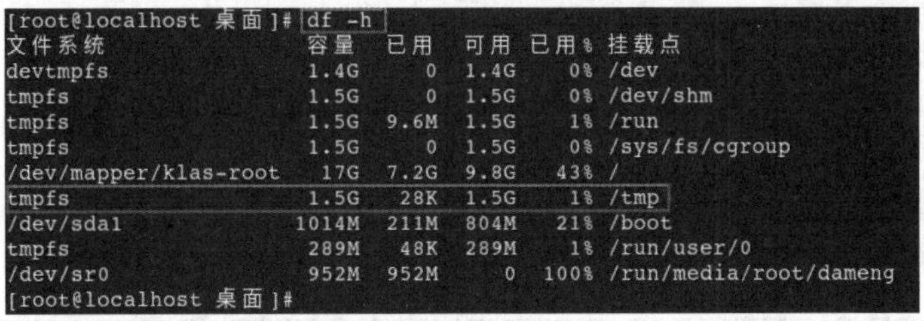

```
[root@localhost 桌面]# df -h
文件系统                 容量  已用  可用 已用% 挂载点
devtmpfs                 1.4G     0  1.4G    0% /dev
tmpfs                    1.5G     0  1.5G    0% /dev/shm
tmpfs                    1.5G  9.6M  1.5G    1% /run
tmpfs                    1.5G     0  1.5G    0% /sys/fs/cgroup
/dev/mapper/klas-root     17G  7.2G  9.8G   43% /
tmpfs                    1.5G   28K  1.5G    1% /tmp
/dev/sda1               1014M  211M  804M   21% /boot
tmpfs                    289M   48K  289M    1% /run/user/0
/dev/sr0                 952M  952M     0  100% /run/media/root/dameng
[root@localhost 桌面]#
```

图 1.28　磁盘空间信息

4. 查看系统内核版本

```
[root@localhost ~]# uname -r
```

内核要求版本在 2.6 以上，结果如图 1.29 所示。

```
[root@localhost 桌面]# uname -r
4.19.90-24.4.v2101.ky10.x86_64
[root@localhost 桌面]#
```

图 1.29　系统内核信息

5. 网络要求

支持 TCP/IP 协议，网卡 100M。如果数据库需要开启远程访问，要么关闭防火墙，要么开放数据库对应的端口号，达梦数据库默认的端口号是 5236。关闭防火墙如图 1.30 所示。

```
[root@localhost ~]# systemctl stop firewalld
[root@localhost ~]# systemctl disable firewalld
[root@localhost ~]# systemctl status firewalld
```

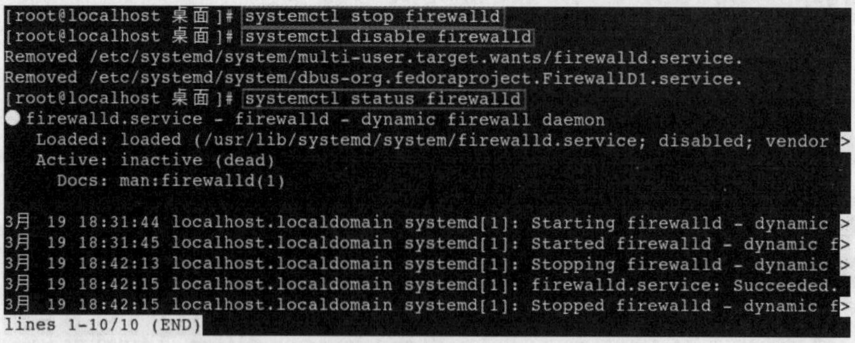

图 1.30　关闭防火墙

6. 新建用户和组

用户名为 dmdba，组名为 dinstall，如图 1.31 所示创建用户和组。

```
[root@localhost ~]# groupadd dinstall
[root@localhost ~]# useradd -g dinstall dmdba
[root@localhost ~]# passwd dmdba
[root@localhost ~]# id dmdba
```

图 1.31　创建用户和组

7. 规划安装路径

如图 1.32 所示规划安装路径。

```
[root@localhost ~]# mkdir /dm8
[root@localhost ~]# ls -ld /dm8
[root@localhost ~]# chown dmdba:dinstall -R /dm8
[root@localhost ~]# ls -ld /dm8
```

图 1.32　规划安装路径

8. 挂载数据库 ISO 安装文件

如图 1.33 所示挂载 ISO 安装文件。

图 1.33　挂载 ISO 安装文件

注意：在执行 mount 语句之前，要保证已经把 DM8 的安装包（ISO 文件）挂载在虚拟光驱中。

9. 服务器内图像化界面调用

如图 1.34 所示调用图形化界面。

```
[root@localhost 桌面]# xhost +
access control disabled, clients can connect from any host
[root@localhost 桌面]# echo $DISPLAY
:0.0
[root@localhost 桌面]# su - dmdba
上一次登录：三 3月 19 21:35:07 CST 2025 pts/0 上
[dmdba@localhost ~]$ export DISPLAY=:0.0
[dmdba@localhost ~]$ xhost +
access control disabled, clients can connect from any host
```

图 1.34　调用图形化界面

注意：执行 xhost +，提示 unable to open display ":0.0"，或者执行 echo $DISPLAY 没有显示 ":0.0"，请尝试打开一个新的终端窗口，重新执行 xhost+命令。

任务实施

1. 图形化安装

切换路径进入 mnt 目录，执行以下命令运行达梦数据库的图形化安装，如图 1.35 所示。

[dmdba@localhost ~]$ cd　/mnt
[dmdba@localhost mnt]$　./DMInstall.bin

```
[dmdba@localhost ~]$ cd /mnt
[dmdba@localhost mnt]$ ./DMInstall.bin
```

图 1.35　图形化安装

如果在执行命令过程中，出现临时目录空间不足的提示，如图 1.36 所示，则需要重新设置临时目录或对临时目录扩容，此处采用对临时目录/tmp 扩容，要求临时目录空间为 2GB，为确保顺利安装，此处把/tmp 扩容为 3GB，如图 1.37 所示。

```
[dmdba@localhost ~]$ cd /mnt
[dmdba@localhost mnt]$ ./DMInstall.bin
安装程序临时目录(/tmp)可用空间为1444M。安装程序需要至少 2G的临时空间，请调整临时
目录的空间或设置环境变量DM_INSTALL_TMPDIR来指定安装程序的临时目录。
[dmdba@localhost mnt]$
```

图 1.36　临时目录空间不足提示

```
[dmdba@localhost mnt]$ su - root
密码：
上一次登录：三 3月 19 21:16:06 CST 2025 pts/0 上
[root@localhost ~]# mount -o remount,size=3G /tmp
[root@localhost ~]#
```

图 1.37　对临时目录/tmp 扩容

注意：临时目录扩容需要切换到 root 用户进行。扩容后重新执行命令，如图 1.38 所示。

```
[dmdba@localhost ~]$ cd /mnt
[dmdba@localhost mnt]$ ll
总用量 974004
-r-xr-xr-x 1 root root   2980487 1月  3 08:57 'DM8 Install.pdf'
-r-xr-xr-x 1 root root 994399199 1月 17 17:59 DMInstall.bin
[dmdba@localhost mnt]$ ./DMInstall.bin
解压安装程序..........
```

图 1.38　执行安装命令

安装过程如下：

（1）选择语言和时区。

请根据系统配置选择相应语言与时区，单击"确定"按钮继续安装，如图 1.39 所示。

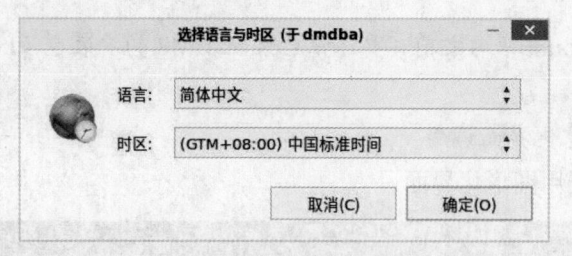

图 1.39　选择语言与时区

（2）打开安装向导。

单击"下一步"按钮继续安装，如图 1.40 所示。

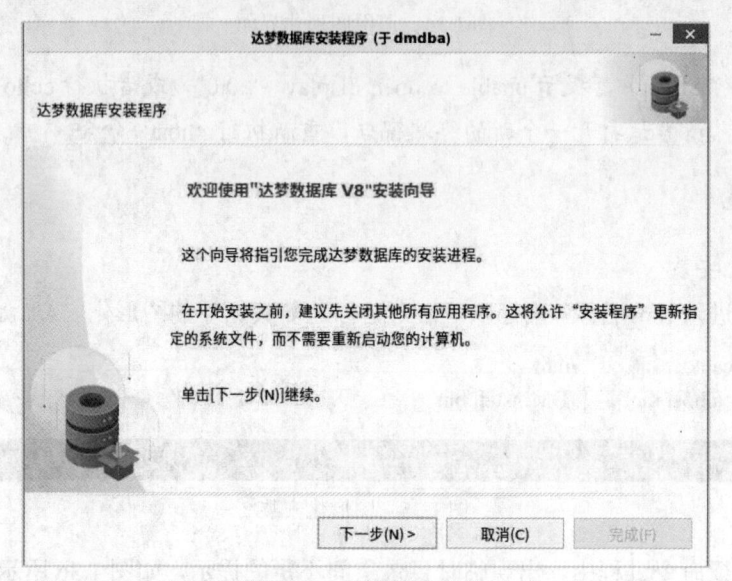

图 1.40　安装向导页面

（3）确认许可证协议。

在安装和使用达梦数据库之前，该安装程序需要用户阅读许可协议条款，如接受该协议，则选中"接受"单选项，并单击"下一步"继续安装；用户若选中"不接受"，将无法进行安装，如图 1.41 所示。

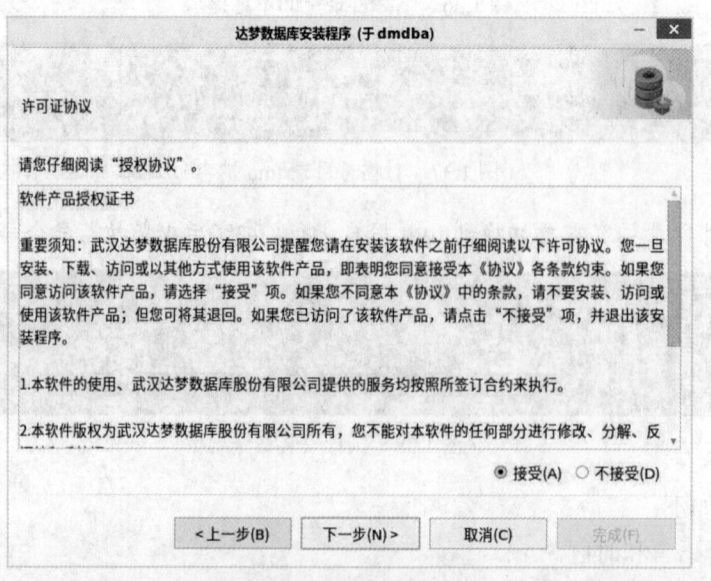

图 1.41　许可证协议

（4）验证 Key 文件。

用户单击"浏览"按钮，选取 Key 文件，安装程序将自动验证 Key 文件信息。如果是合法的 Key 文件且在有效期内，用户可以单击"下一步"按钮继续安装。另外，安装也可以不用 Key 文件，如图 1.42 所示。

图 1.42　"Key 文件"对话框

（5）选择安装方式。

达梦数据库安装程序提供四种安装方式："典型安装""服务器安装""客户端安装""自定义安装"，四种安装方式与 Windows 系统的达梦数据库相同，这里不再赘述，用户可根据实际情况灵活选择，如图 1.43 所示。

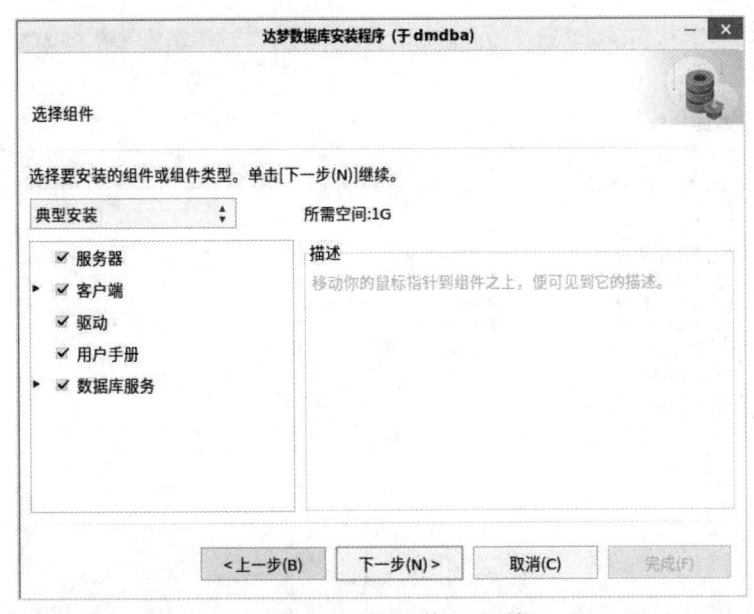

图 1.43　"选择组件"对话框

（6）选择安装目录。

选择安装目录，如图 1.44 所示。

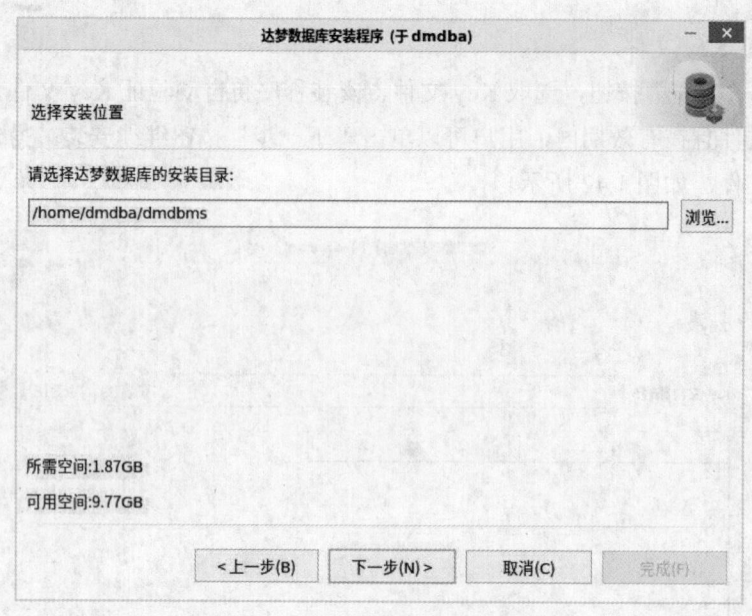

图 1.44 "选择安装位置"对话框

达梦数据库默认安装目录为$HOME/dmdbms(如果安装用户为 root 系统用户,则默认安装目录为/opt/dmdbms,但不建议使用 root 系统用户来安装达梦数据库),用户可以通过单击"浏览"按钮自定义安装目录。

说明: 安装路径里的目录名由英文字母、数字和下划线等组成,不建议使用包含空格和中文字符的路径等。

(7)安装前小结。

显示用户即将进行的安装的有关信息,例如产品名称、版本信息、安装类型、安装目录、可用空间、可用内存等信息,用户检查无误后单击"安装"按钮,开始软件安装,如图 1.45 所示。

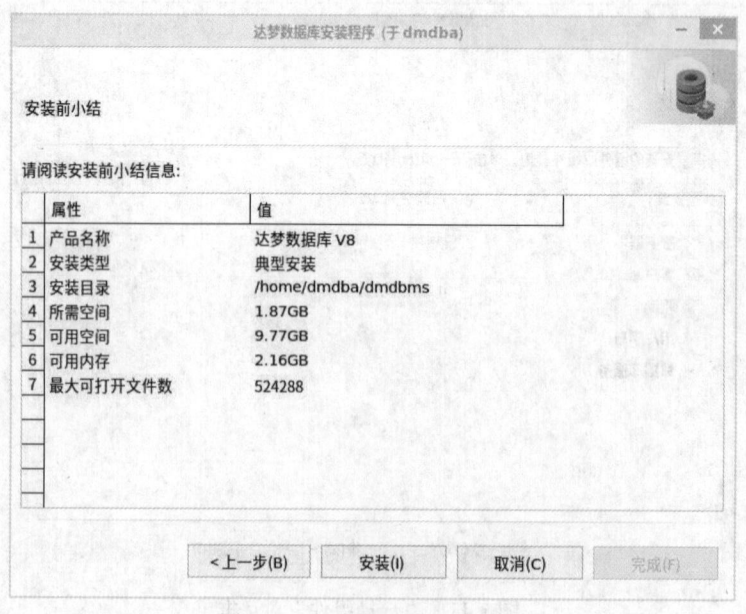

图 1.45 "安装前小结"页面

(8)安装。

"安装"页面如图 1.46 所示。

图 1.46 "安装"页面

注意：当安装进度完成时将会弹出对话框，如图 1.47 所示，提示使用 root 系统用户执行相关命令。用户可根据对话框的说明完成相关操作，之后关闭此对话框，单击"完成"按钮结束安装。

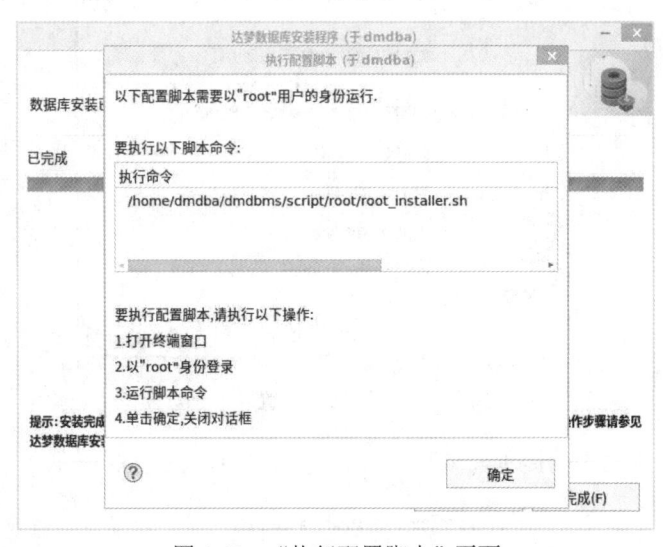

图 1.47 "执行配置脚本"页面

此时需要以 root 身份打开一个终端窗口，将图 1.47 中的命令行复制到终端窗口执行，如图 1.48 所示。

图 1.48 终端执行脚本命令

（9）初始化数据库。

如用户在选择安装组件时选中服务器组件，达梦数据库安装完成后，将会提示是否初始化数据库，如图 1.49 所示。若用户未安装服务器组件，安装完成后，单击"完成"按钮将直接退出，单击"取消"按钮将完成安装，关闭对话框。

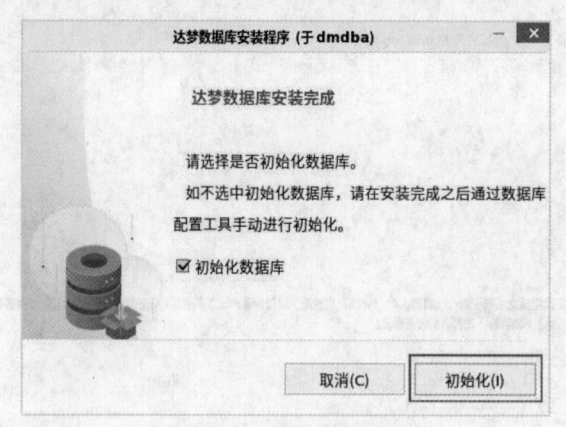

图 1.49 初始化数据库

若用户选中初始化数据库选项，单击"初始化"按钮将弹出数据库配置窗口，如图 1.50 所示。

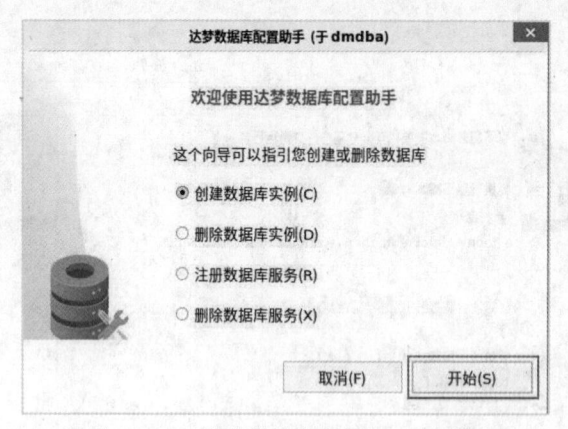

图 1.50 "达梦数据库配置助手"页面

按照数据库配置助手的提示，依次执行，如图 1.51～图 1.63 所示。

图 1.51 创建数据库

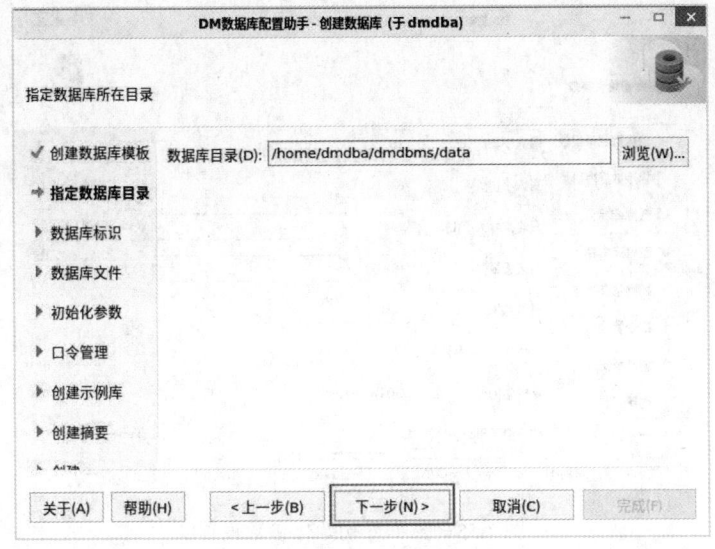

图 1.52　选择数据库的创建目录

图 1.53　数据库基本信息设置

图 1.54　数据库控制文件路径设置

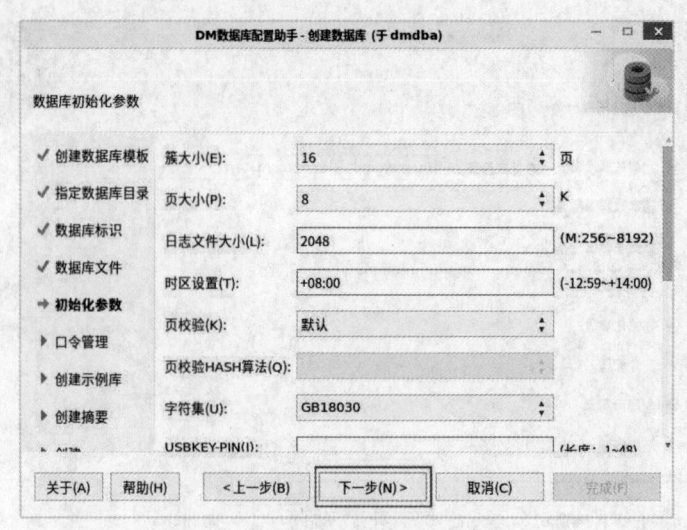

图 1.55　数据库初始化参数设置

注意：密码必须符合要求；请妥善保存密码，如果忘记，则无法进入系统。

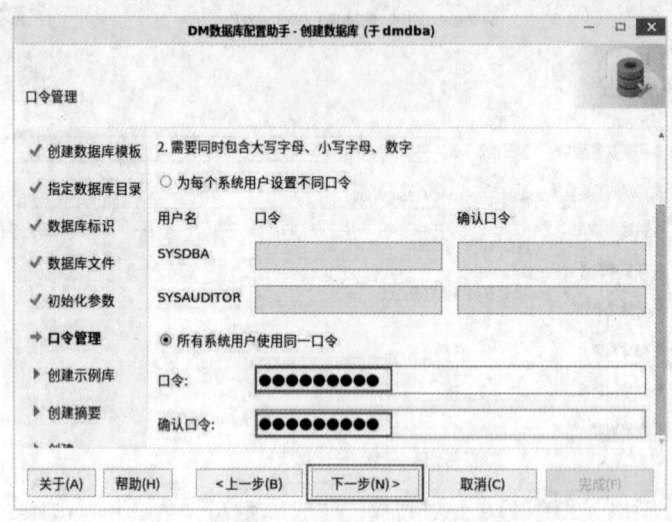

图 1.56　设置系统用户密码

注意：建议勾选图 1.57 中的两个示例，便于使用示例中的数据进行操作练习。

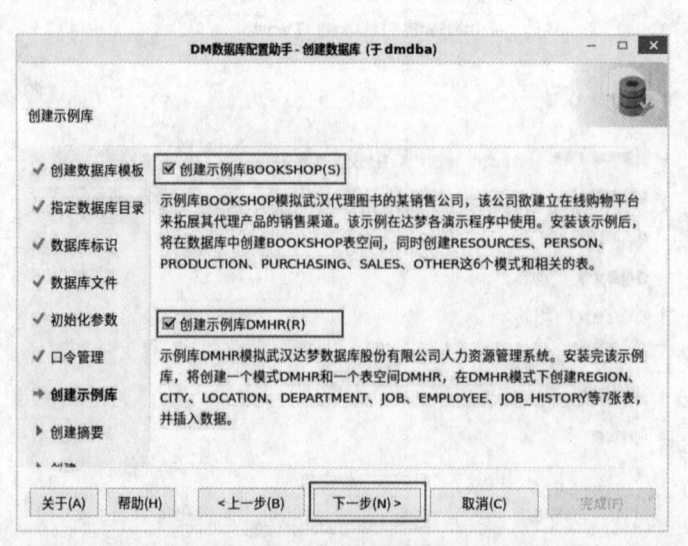

图 1.57　创建示例数据库

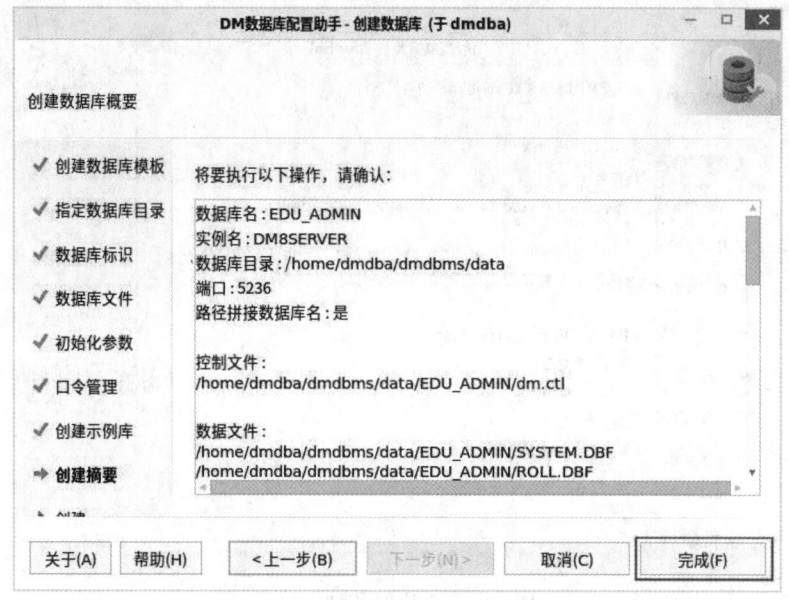

图 1.58　数据库属性信息确认

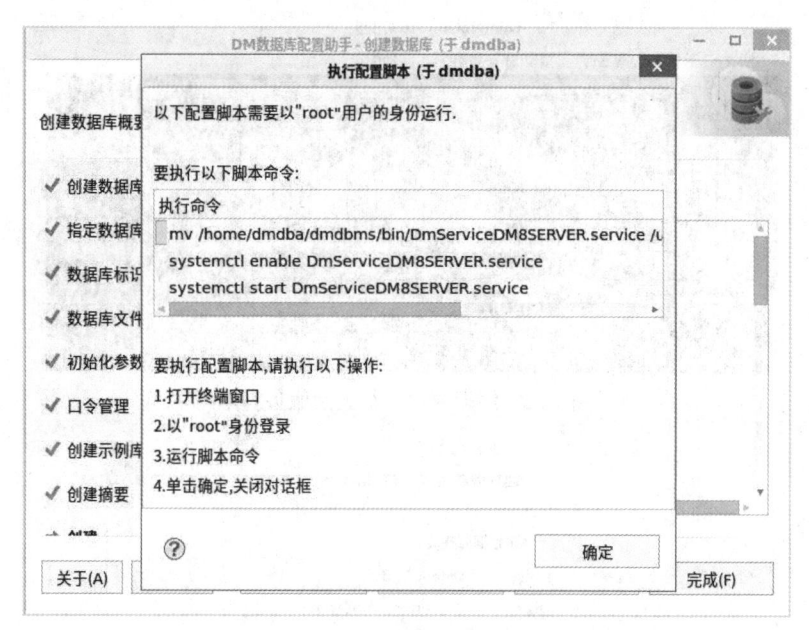

图 1.59　配置脚本提示

图 1.60　终端窗口执行配置脚本

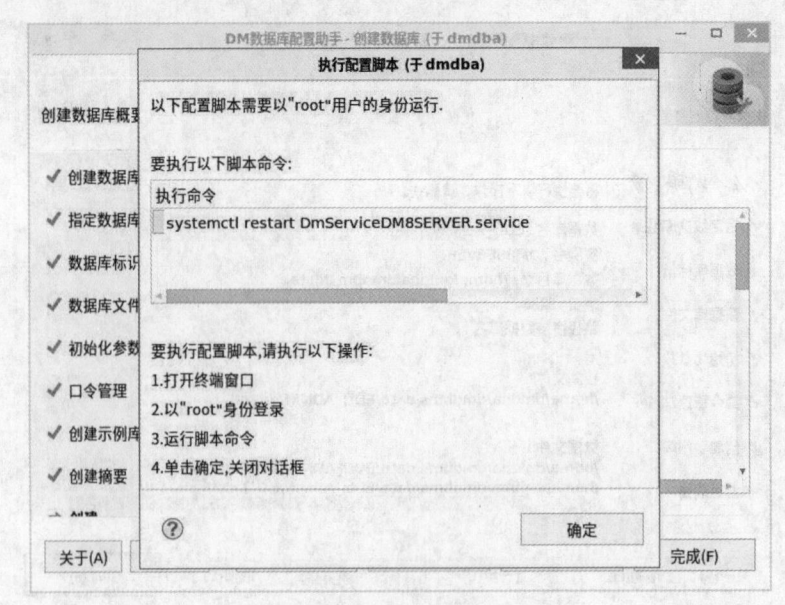

图 1.61 重启服务脚本提示

图 1.62 终端窗口执行重启服务脚本

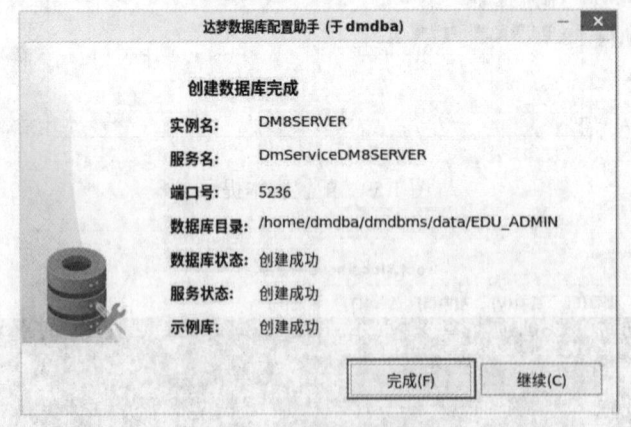

图 1.63 数据库创建完成

2. 命令行安装

许多 Linux（UNIX）操作系统是没有图形化界面的，为了使达梦数据库能够在这些操作系统上顺利安装，达梦数据库提供了命令行安装方式。在终端进入安装程序所在文件夹，执行以下命令进行命令行安装：

./DMInstall.bin -i

安装过程如下:

(1) 选择安装语言。

请根据系统配置选择相应语言,输入选项,按 Enter 键进行下一步,如图 1.64 所示。

图 1.64　选择安装语言

如果当前操作系统中已存在达梦数据库,将在终端弹出提示,输入 Y/y,将进行下一步的命令行安装,否则退出命令行安装,如图 1.65 所示。

图 1.65　是否继续

(2) 验证 Key 文件。

用户可以选择是否输入 Key 文件路径。不输入则进入下一步安装,输入 Key 文件路径,安装程序将显示 Key 文件的详细信息,如果是合法且在有效期内的 Key 文件,用户可以继续安装,如图 1.66 所示。

图 1.66　验证 Key 文件

(3) 输入时区。

用户可以选择达梦数据库的时区信息,如图 1.67 所示。

图 1.67　输入时区

（4）选择安装类型。

命令行安装与图形化安装选择的安装类型一样，如图1.68所示。

```
安装类型:
1 典型安装
2 服务器
3 客户端
4 自定义
请选择安装类型的数字序号 [1 典型安装]:4
1 服务器组件
2 客户端组件
  2.1 DM管理工具
  2.2 DM性能监视工具
  2.3 DM数据迁移工具
  2.4 DM控制台工具
  2.5 DM审计分析工具
  2.6 SQL交互式查询工具
3 驱动
  3.1 ODBC驱动
  3.2 JDBC驱动
4 用户手册
5 数据库服务
  5.1 实时审计服务
  5.2 作业服务
  5.3 实例监控服务
  5.4 辅助插件服务
请选择安装组件的序号 （使用空格间隔）[1 2 3 4 5]:1 2 3 4 5
所需空间: 733M
```

图1.68　选择安装类型

用户选择安装类型需要手动输入，默认为典型安装。如果用户选择自定义安装，将打印全部安装组件信息。通过命令行窗口输入要安装的组件序号，选择多个安装组件时需要使用空格进行间隔。输入完需要安装的组件序号后按 Enter 键，将打印安装选择组件所需要的存储空间大小。

（5）选择安装路径。

用户可以输入达梦数据库的安装路径，不输入则使用默认路径，默认值为 $HOME/dmdbms（如果安装用户为root，则默认安装目录为/opt/dmdbms，但不建议使用 root 系统用户来安装达梦数据库）。

安装程序将打印当前安装路径的可用空间，如果空间不足，用户需重新选择安装路径。如果当前安装路径可用空间足够，用户需进行确认。不确认则重新选择安装路径，确认则进入下一步骤，如图1.69所示。

```
请选择安装目录 [/home/dmdba/dmdbms]:/home/dmdba/dmdbms
可用空间: 7963M
是否确认安装路径? (Y/y:是 N/n:否) [Y/y]:y
```

图1.69　选择安装路径

（6）安装前小结。

安装程序将打印用户之前输入的部分安装信息，如图1.70所示。

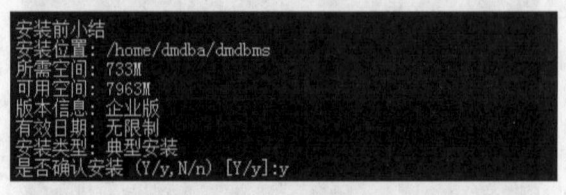

```
安装前小结
安装位置: /home/dmdba/dmdbms
所需空间: 733M
可用空间: 7963M
版本信息: 企业版
有效日期: 无限制
安装类型: 典型安装
是否确认安装 (Y/y,N/n) [Y/y]:y
```

图1.70　安装前小结

用户对安装信息进行确认。不确认则退出安装程序，确认则进行达梦数据库的安装。

（7）安装。

注意：安装完成后，终端提示"请以 root 系统用户执行命令"，如图1.71所示。由于使用非 root 系统用户进行安装，所以部分安装步骤没有相应的系统权限，需要用户手动执行相关命令。用户可根据提示完成相关操作。

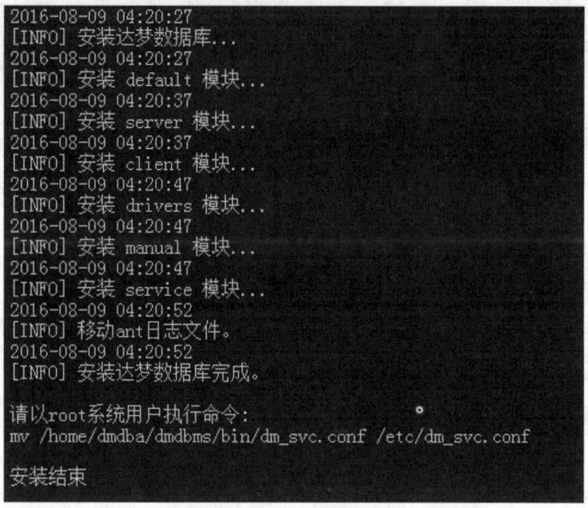

```
2016-08-09 04:20:27
[INFO] 安装达梦数据库...
2016-08-09 04:20:27
[INFO] 安装 default 模块...
2016-08-09 04:20:37
[INFO] 安装 server 模块...
2016-08-09 04:20:37
[INFO] 安装 client 模块...
2016-08-09 04:20:47
[INFO] 安装 drivers 模块...
2016-08-09 04:20:47
[INFO] 安装 manual 模块...
2016-08-09 04:20:47
[INFO] 安装 service 模块...
2016-08-09 04:20:52
[INFO] 移动ant日志文件。
2016-08-09 04:20:52
[INFO] 安装达梦数据库完成。

请以root系统用户执行命令:
mv /home/dmdba/dmdbms/bin/dm_svc.conf /etc/dm_svc.conf

安装结束
```

图 1.71　安装过程

（8）初始化数据库与注册服务。

安装结束后，还需要初始化数据库并注册相关服务才能正式运行达梦数据库，具体可参考《DM8_dminit 使用手册》和《DM8_Linux 服务脚本使用手册》。

需要注意的是，达梦提供的各个服务基本依赖网络和存储才能正常启动，因此当启动达梦服务时若网络和存储没有就绪可能会失败，此时可等网络和存储就绪后再次手动启动达梦相关服务，或修改达梦相关服务脚本中的优先级和依赖关系。

3. 静默安装

在某些特殊应用场景，用户可能需要非交互式的、通过配置文件方法进行达梦数据库的安装，这种情况可以采用静默安装的方式。在终端进入安装程序所在文件夹，执行以下命令，结果如图 1.72 所示。

```
./DMInstall.bin -q 配置文件全路径
```

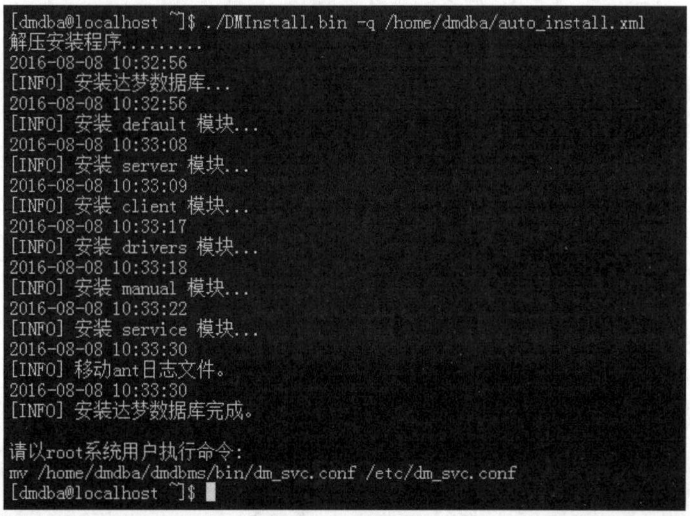

```
[dmdba@localhost ~]$ ./DMInstall.bin -q /home/dmdba/auto_install.xml
解压安装程序.........
2016-08-08 10:32:56
[INFO] 安装达梦数据库...
2016-08-08 10:32:56
[INFO] 安装 default 模块...
2016-08-08 10:33:08
[INFO] 安装 server 模块...
2016-08-08 10:33:09
[INFO] 安装 client 模块...
2016-08-08 10:33:17
[INFO] 安装 drivers 模块...
2016-08-08 10:33:18
[INFO] 安装 manual 模块...
2016-08-08 10:33:22
[INFO] 安装 service 模块...
2016-08-08 10:33:30
[INFO] 移动ant日志文件。
2016-08-08 10:33:30
[INFO] 安装达梦数据库完成。

请以root系统用户执行命令:
mv /home/dmdba/dmdbms/bin/dm_svc.conf /etc/dm_svc.conf
[dmdba@localhost ~]$
```

图 1.72　静默安装

注意：静默安装完成后，终端提示“请以 root 系统用户执行命令”。由于使用非 root

系统用户进行安装，所以部分安装步骤没有相应的系统权限，需要用户手动执行相关命令。用户可根据提示完成相关操作。

4. 卸载达梦数据库

达梦提供的卸载程序为全部卸载。Linux 提供两种卸载方式，一种是图形化卸载方式，另一种是命令行卸载方式。

（1）图形化卸载。

用户在达梦数据库安装目录下，找到卸载程序 uninstall.sh 来执行卸载，如图 1.73 所示。

卸载步骤：

步骤 1：运行卸载程序。

程序将会弹出提示框确认是否卸载程序，如图 1.74 所示。单击"确定"按钮进入卸载小结页面，单击"取消"按钮退出卸载程序。

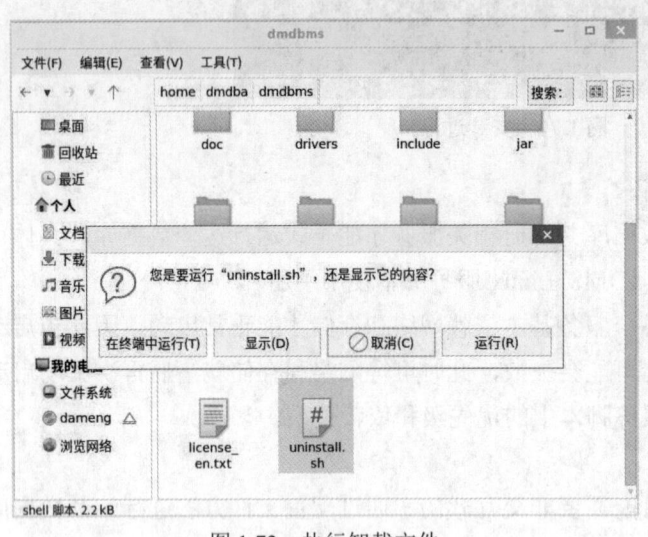

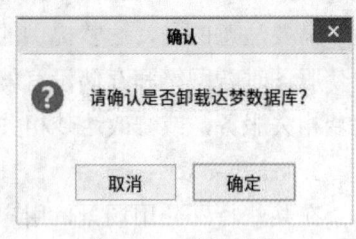

图 1.73　执行卸载文件　　　　图 1.74　确认卸载

步骤 2：卸载小结。

卸载小结页面显示达梦数据库的卸载目录信息。单击"卸载"按钮，开始卸载达梦数据库，如图 1.75 所示。

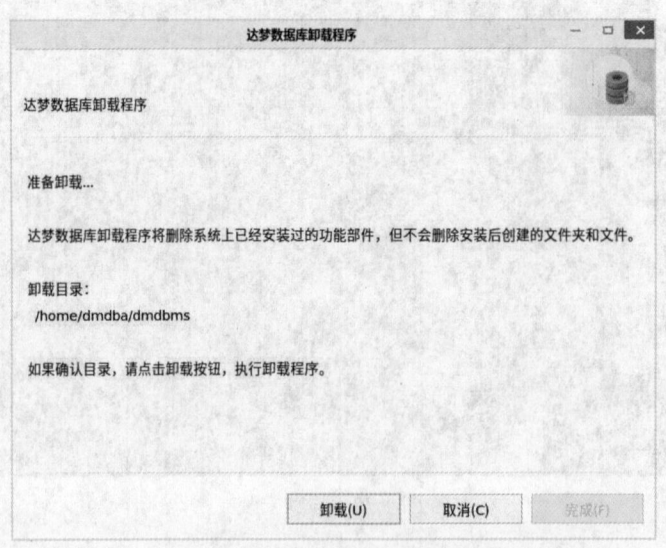

图 1.75　准备卸载

步骤3：卸载。

卸载页面显示卸载进度，如图1.76所示。

图1.76 卸载

在Linux(UNIX)系统下，使用非root用户卸载完成时，将会弹出图1.77所示对话框，提示使用root执行相关命令，用户可根据对话框的说明完成相关操作，之后关闭此对话框即可。

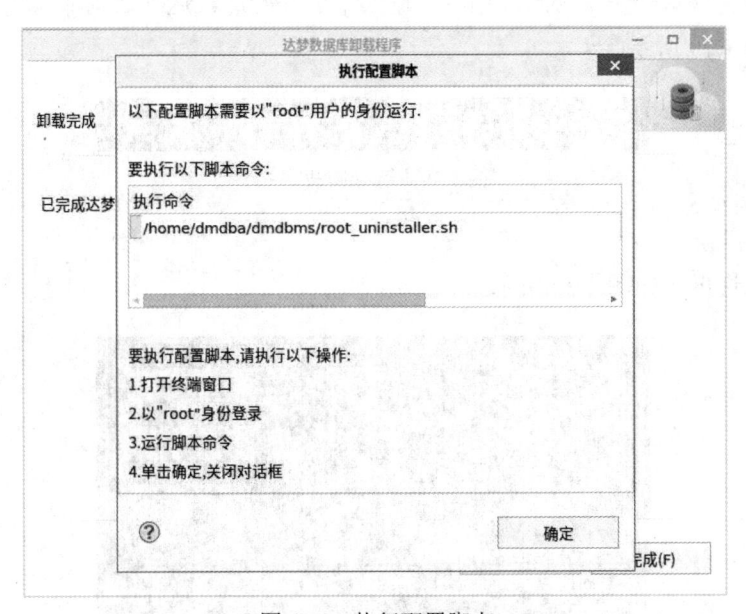

图1.77 执行配置脚本

单击"完成"按钮结束卸载。卸载程序不会删除安装目录下有用户数据的库文件以及安装达梦数据库后使用过程中产生的一些文件。用户可以根据需要手动删除这些内容，如图1.78所示。

（2）命令行卸载。

用户在达梦数据库安装目录下，打开卸载程序 uninstall.sh 执行卸载。用户执行以下命令启动命令行卸载程序。

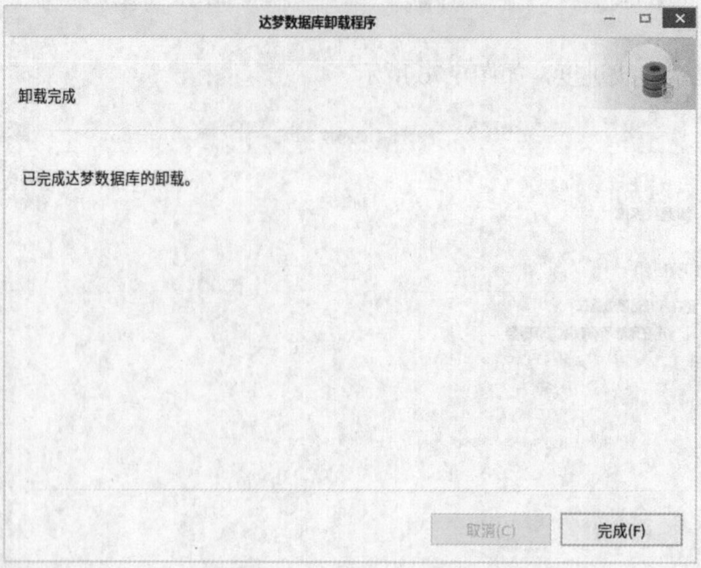

图 1.78 "卸载完成"页面

```
#进入达梦安装目录
cd /DM_INSTALL_PATH
#执行卸载脚本命令行卸载需要添加参数-i
./uninstall.sh -i
```

卸载步骤：

步骤 1：运行卸载程序。

终端窗口将提示确认是否卸载程序，输入 y/Y 开始卸载达梦数据库，输入 n/N 退出卸载程序，如图 1.79 所示。

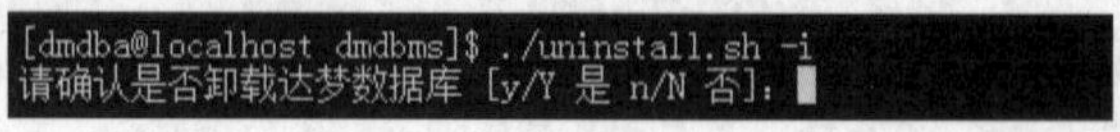

图 1.79　运行卸载程序

步骤 2：卸载。

显示卸载进度，如图 1.80 所示。

图 1.80　卸载

在 Linux（UNIX）系统下，使用非 root 用户卸载完成时，终端提示"使用 root 用户执行命令",用户需要手动执行相关命令,如图 1.81 所示。

```
使用root用户执行命令:
/home/dmdba/dmdbms/root_all_service_uninstaller.sh
rm -f /etc/dm_svc.conf
```

图 1.81　提示使用 root 用户执行命令

任务小结

在 dmdba 用户下安装达梦数据库:

1. 创建用户和组【root】。
2. 创建系统安装目录【root】。
3. 设置临时目录容量【root】。
4. 设置文件最大打开数目 open files【dmdba 用户下,先 root 设置,再 dmdba 检查】。
5. 解压安装包 zip【root】。
6. 挂载安装盘【root】。
7. 开启可视化启动功能【先 root 后 dmdba】。
8. 开始安装【dmdba】。

卸载:

1. 进入达梦数据库安装目录。
2. 执行卸载脚本。

习 题 1

1. 如何创建用户组?
2. 如何创建用户?
3. 如何调用图形化安装工具?

单元2　教务管理系统数据库的分析与设计

单元导读

在系统开发过程中，数据库设计能够起到至关重要的作用。良好的数据库设计能够节省数据的存储空间、保证数据的完整性、方便进行数据库应用系统的开发、提升数据库应用系统的性能；糟糕的数据库设计会出现数据冗余、存储空间浪费、数据更新和插入异常、数据库应用系统性能低下等问题。

本教务管理系统数据库的设计，主要围绕学生选课和教师授课进行。教务管理系统要能够展现和管理的功能包括学生管理、教师管理、课程管理、系部管理、成绩录入和查询。

本单元通过对教务管理系统的分析与设计，让学生能够根据范式的要求绘制 E-R 图，能够根据数据的实际使用，确定数据的数据类型，在学习过程中培养沟通能力和服务意识，养成严谨的学习和工作态度。

品德塑造

系统承载着学生隐私等敏感数据，需注重数据安全与隐私保护，例如通过权限分级、加密技术等举措体现对师生权益的尊重，呼应社会主义核心价值观中的"法治"与"公正"。在需求分析阶段，需关注课程资源分配、成绩评定等环节的公平性设计，避免算法偏见或数据垄断，引导学生理解技术应用对社会公平的深远影响。同时，通过规范化的字段定义、合理化的结构定义等设计，培养严谨规范的信息管理思维。最终，将系统建设与"立德树人"的教育目标相结合，让学生在技术实践中感悟"用技术守护教育初心"的使命，形成科技向善的职业价值观。

单元目标

知识目标

- 明确几种范式的基本特征，并能举例说明。
- 学会 E-R 图的元素表示方式，并能正确绘制 E-R 图。
- 学会数据库基本数据类型的选择，并能阐述对应类型数据的特点。

能力目标

- 能根据用户需求分析和设计数据库。
- 能根据第三范式的要求设计数据表。
- 能根据功能分析绘制 E-R 图。
- 能够根据数据的实际使用判断数据类型。

素养目标

- 养成良好的沟通能力和服务意识。
- 培养严谨认真的工作态度。

任务 2.1　教务管理系统数据库分析

任务描述

通过对教务管理系统的深入分析，全面了解教务管理系统的功能和性能需求。根据教务管理系统中各个模块的功能需求绘制功能结构图，参照完美范式对操作对象的属性进行取舍，绘制 E-R 图。

知识准备

1. 系统分析

系统分析从功能和非功能两个方面进行。

（1）教务管理系统的功能需求如下。

1）学生基本信息管理：系统能够实现学生基本信息的录入、查询、修改和删除操作，包括学生的学号、姓名、性别、年龄、专业、班级、联系方式等信息。

2）教师基本信息管理：系统能够实现教师基本信息的录入、查询、修改和删除操作，包括教师的编号、姓名、性别、年龄、职称、部门等信息。

3）课程基本信息管理：系统能够实现课程信息的录入、查询、修改和删除操作，包括课程的编号、名称、学时、开课学期、开课系部、上课地点等信息。

4）成绩管理：系统能够实现学生成绩的录入、查询、修改和删除操作，根据单科成绩计算并显示学生的总成绩、平均成绩、最高分、最低分等信息。

5）选课管理：系统能够实现学生选课情况的管理，包括学生选课、退课、查询已选课程、已选课程的时间冲突检测等功能。

6）教师课程管理：系统能够实现教师授课情况的管理，包括教师任课信息的录入、查询、修改和删除操作。

7）班级管理：系统能够实现班级信息的录入、查询、修改和删除操作，包括班级的编号、名称、年级、班主任等信息。

8）系部管理：系统能够实现系部信息的录入、查询、修改和删除操作，包括系部的编号、名称等信息。

9）学校账户管理：系统能够实现学校账户的管理，包括管理员账户、教师账户和学生账户的新增、删除、登录等操作。

10）数据统计和报表：系统能够对学生、课程、成绩等数据进行统计和分析，并能生成报表供教务管理人员使用。

（2）教务管理系统的非功能需求如下。

1）可靠性：系统应具有高度的稳定性和可靠性，能够确保数据的安全和准确性。

2）扩展性：系统应具有良好的扩展性，能够便捷地增加新的功能模块和数据库表结构。

3）易用性：系统应具有良好的用户界面设计，操作简单、直观，使用者无需接受过多的培训即可轻松上手。

4）安全性：系统应具备较高的安全性，采取安全措施保护敏感数据，避免未经授权的访问和篡改。

5) 高性能：系统应具有良好的性能，能够处理大量的数据和并发请求，保证系统的响应速度和处理能力。

6) 维护性：系统应易于维护和升级，具备良好的代码结构和注释，使开发人员能够快速定位和修复问题。

7) 移植性：系统应具有良好的移植性，能够适应不同的硬件平台和操作系统环境。

8) 兼容性：系统应具有良好的兼容性，能够与其他系统进行数据交换和集成，确保各个模块之间的正常通信和数据共享。

9) 可用性：系统应具有较高的可用性，能够24小时不间断地对外提供服务，保障学校教务管理事务的正常进行。

10) 美观性：系统的用户界面应具备良好的视觉效果，界面布局合理，颜色搭配协调，提升用户的使用体验。

2. 初识 E-R 图

E-R 图又称实体关系图，是一种提供了实体、关系和属性的方法，用来描述现实世界的概念模型。通俗地讲就是理解了实际问题的需求之后，需要用一种方法来表示这种需求，概念模型就是用来描述这种需求的。

实体关系图一般包含的元素有实体、关系、属性。

（1）实体：用矩形框表示，框内写实体名。

（2）关系：用菱形框表示，框内写关系名。

（3）属性：用椭圆形框表示，框内写属性名。

绘图规范：实体与属性、实体与关系、关系与属性之间都用直线连接。图 2.1 为学生与课程的选课关系 E-R 图。

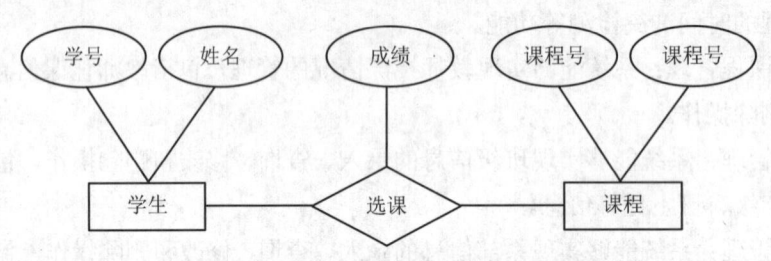

图 2.1 学生与课程的选课关系 E-R 图

3. 三大范式

为了建立冗余较小、结构合理的数据库，设计数据库时必须遵循一定的规则。在关系型数据库中这种规则就称为范式。

范式是符合某一种设计要求的总结。要想设计一个结构合理的关系型数据库，必须满足一定的范式。实际上，数据库范式就是在数据库中创建表的规则。数据库一共有六种范式：第一范式，第二范式，第三范式，BC 范式，第四范式，第五范式。

范式级别越低，设计出来的数据表中的字段数越多，存在数据冗余、插入异常、修改异常的可能性越大；范式级别越高，设计出来的数据表中的字段数越少，实际操作时，需要多表连接的情况就越多。在六个范式中，第三范式取了一个平衡点，被称为完美范式。因此，本书只分析到第三范式。

（1）第一范式。第一范式是最基本的范式。如果数据库表中的所有字段值都是不可分解的原子值，就说明该数据库表满足了第一范式。例如，表 2.1 中的院系名称可以被分解为学院名称和系部名称,所以该表不符合第一范式。

表 2.1 院系表

院系名称	所属省份
××学院信息工程系	黑龙江
××学院智能控制系	黑龙江
××学院机电工程系	黑龙江

表 2.1 经过分解得到表 2.2,表 2.2 中的每一个字段都是不可再分的,所以表 2.2 符合第一范式。

表 2.2 院系信息表

学院名称	系部名称	所属省份
××学院	信息工程系	黑龙江
××学院	智能控制系	黑龙江
××学院	机电工程系	黑龙江

(2)第二范式。第二范式在第一范式的基础上更进一层。第二范式需要确保数据库表中的每一列都和主键相关,而不能只与主键的某一部分相关(主要针对联合主键而言)。

也就是说在一个数据库表中,一个表中只能保存一种数据,不可以把多种数据保存在同一张数据库表中。例如,表 2.3 中学号和课程号联合作主键,存在"(学号,课程号)→成绩""学号→学生姓名",即学生姓名可以直接由学号推出,表 2.3 中存在字段只依赖主键的一部分,所以表 2.3 不符合第二范式。

表 2.3 学生选课信息表

学号	课程号	学生姓名	成绩
20240105231	1032	张三	92
20240105231	1035	张三	87
20240105232	1032	李四	95

如果把表 2.3 分解成表 2.4 和表 2.5,表 2.4、表 2.5 中不存在部分依赖情况,所以表 2.4 和表 2.5 符合第二范式。

表 2.4 学生选课表

学号	课程号	成绩
20240105231	1032	92
20240105231	1035	87
20240105232	1032	95

表 2.5 学生信息表

学号	学生姓名
20240105231	张三
20240105232	李四

（3）第三范式。第三范式需要确保数据表中的每一列数据都和主键直接相关，而不能间接相关。

表 2.6 中系部名称依赖系部 ID，系主任也依赖系部 ID，同时系主任还依赖系部名称，所以表中存在"系部 ID→系部名称→系主任"这样的传递依赖关系，不满足第三范式。

表 2.6 系部信息表

系部 ID	系部名称	系主任
01	信息工程系	王天明
02	智能控制系	张海山
03	机电工程系	牛天放

经过分解，把表 2.6 分解成表 2.7 和表 2.8，表 2.7 和表 2.8 中不存在传递依赖，所以满足第三范式。

表 2.7 系部信息表-1

系部 ID	系部名称
01	信息工程系
02	智能控制系
03	机电工程系

表 2.8 系部信息表-2

系部 ID	系主任
01	王天明
02	张海山
03	牛天放

（4）反范式设计。反范式设计是一种打破数据库规范的设计方法，它允许在数据库中引入数据冗余，即相同的数据可能出现在多个表中。这种设计方法在某些情况下是合理的选择，主要出于以下几个原因：

1）性能优化：在某些情况下，使用范式设计会导致复杂的连接操作，对数据库性能造成负面影响。通过引入冗余数据，可以避免频繁的连接操作，从而提高查询性能。

2）简化查询：反范式设计使某些查询变得更加简单和高效。不采用反范式设计的情况下，同一个查询可能需要连接多个表，增加了查询的复杂性。

3）满足特定需求：某些应用场景可能需要特定的数据结构，而这些结构并不适合范式设计。反范式设计允许用户根据实际需求来构建数据库结构。

反范式设计的应用场景包括：

1）数据仓库：为了提高查询性能，反范式设计可用于优化数据仓库的数据结构。

2）缓存：在缓存中，数据的快速访问是关键。反范式设计可以用于将经常使用的数据复制到缓存中，以减少数据库查询的负载。

3）日志存储：大规模的日志存储需要高效的数据检索。通过反范式设计，可以将特定数据项复制到一个表中，以便快速查询。

范式化设计和反范式化设计的优缺点如下。

1）范式化（时间换空间）。
优点：范式化的表减少了数据冗余，数据表更新操作快、占用存储空间少。
缺点：查询时需要对多个表进行关联，查询性能降低；更难进行索引优化。
2）反范式化（空间换时间）。
反范式的过程就是通过冗余数据来提高查询性能，但冗余数据会牺牲数据一致性。
优点：可以减少表关联；可以更好进行索引优化。
缺点：存在大量冗余数据；数据维护成本更高（删除异常、插入异常、更新异常）。

任务实施

1. 绘制教务管理系统功能结构图

根据教务管理日常需求，得出教务管理系统需要管理的对象和事务，共计划分为 10 个子模块。教务管理系统功能结构图如图 2.2 所示。

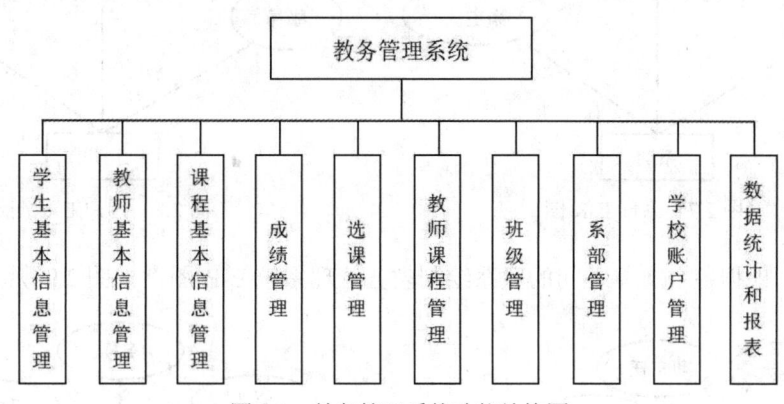

图 2.2　教务管理系统功能结构图

2. 绘制教务管理系统 E-R 图

步骤 1：根据学生属性绘制学生 E-R 图，如图 2.3 所示。

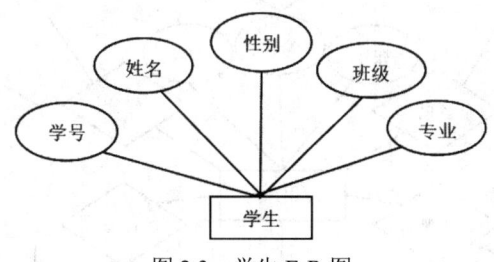

图 2.3　学生 E-R 图

步骤 2：根据教师属性绘制教师 E-R 图，如图 2.4 所示。

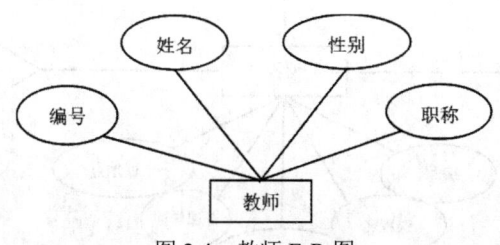

图 2.4　教师 E-R 图

步骤 3：根据课程属性绘制课程 E-R 图，如图 2.5 所示。

步骤4：根据班级属性绘制班级 E-R 图，如图 2.6 所示。

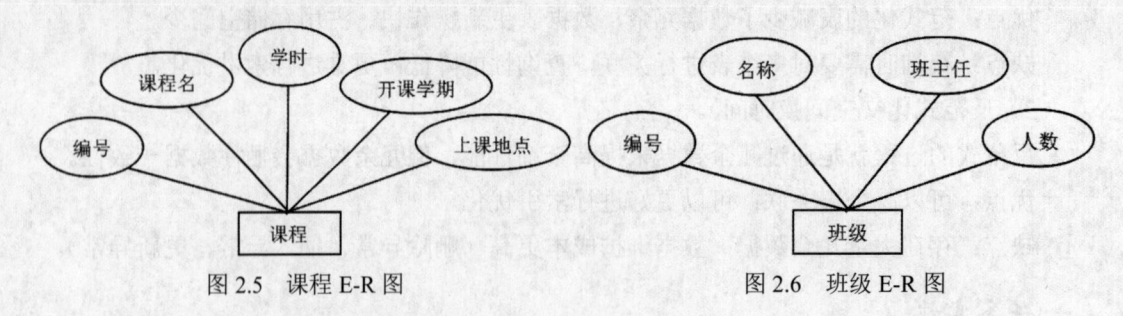

图 2.5　课程 E-R 图　　　　　　　　图 2.6　班级 E-R 图

步骤5：根据系部属性绘制系部 E-R 图，如图 2.7 所示。
步骤6：根据用户属性绘制用户 E-R 图，如图 2.8 所示。

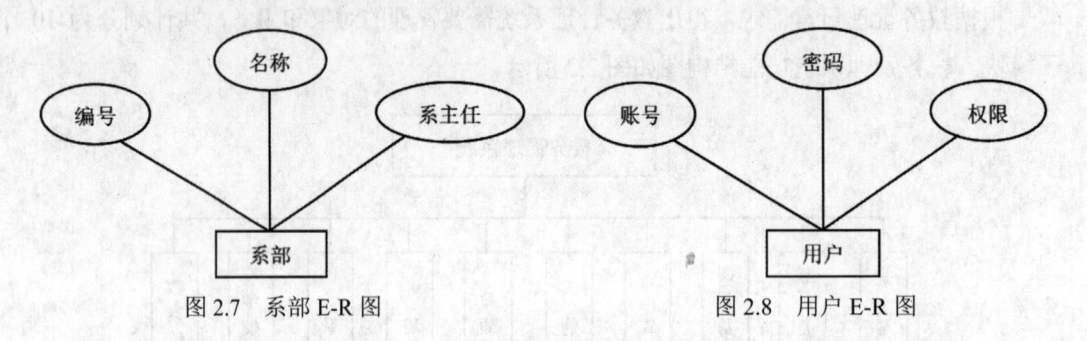

图 2.7　系部 E-R 图　　　　　　　　图 2.8　用户 E-R 图

步骤7：根据各个实体之间的联系绘制教务管理系统 E-R 图，如图 2.9 所示。

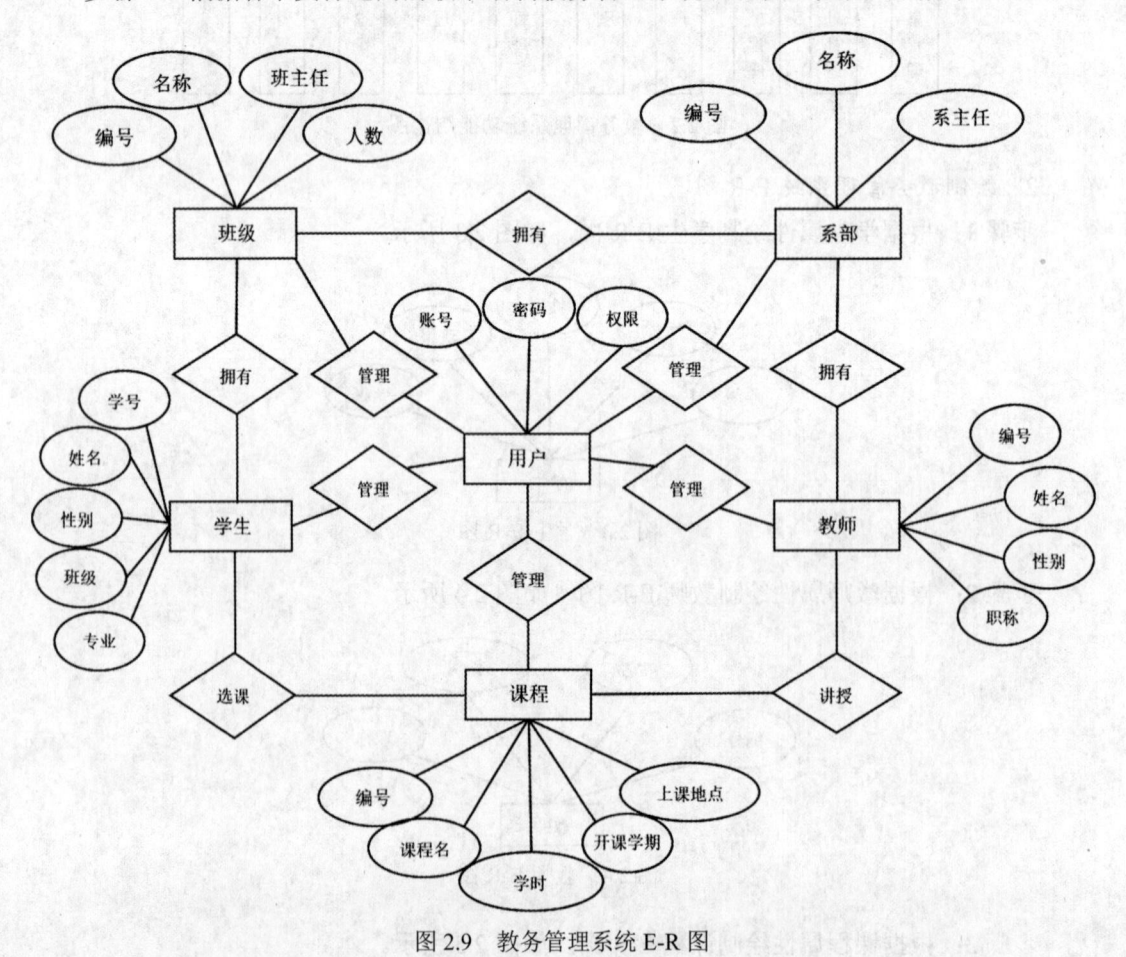

图 2.9　教务管理系统 E-R 图

3. 根据第三范式规则分析教务管理对象及关系

学生对象：学号、姓名、性别、专业、班级。

教师对象：教师编号、姓名、性别、职称、所属系部。

课程对象：课程编号、课程名称、学时、开课学期、上课地点、任课教师。

班级对象：班级编号、班级名称、班主任、所属系部。

系部对象：系部编号、系部名称、系主任。

用户对象：账号、密码、权限。

任务小结

1. 阐述第一范式、第二范式、第三范式各有什么特点，并举例说明。
2. E-R 图的基本元素是什么，分别用什么符号表示。

任务 2.2　教务管理系统数据库设计

任务描述

数据库设计过程中对于数据类型的选择非常重要。数据类型可以起到决定数据的存储格式、约束数据范围、提高查询效率、降低存储空间、提高数据安全性等作用。

本任务需要分析教务管理系统中日常处理的数据，确定合适的数据类型，并把符合第三范式的对象和关系制作成表格。

通过对数据类型的选择，培养学生严谨的学习态度和精益求精的科学精神。

知识准备

达梦数据库是一种国产关系型数据库管理系统，它的数据类型与其他关系型数据库的数据类型不同。达梦 SQL 支持的常规数据类型包括字符数据类型、数值数据类型、位串数据类型、日期时间数据类型、大文本/多媒体数据类型。此外，达梦 SQL 还扩展支持了 %TYPE、%ROWTYPE、记录类型、数组类型、集合类型和类类型，用户还可以定义自己的子类型。本任务中仅介绍达梦数据库的常规数据类型。

1. 字符数据类型

（1）基础概念。

1) CHAR 类型：在存储时无论实际存储的数据长度是多少都会占用固定的空间。如果定义一个 CHAR(10)的列，无论实际存储的数据长度是 1 还是 10，它都会占用 10 字节的存储空间。

2) VARCHAR 类型：在存储时会根据实际存储的数据长度来动态分配空间。与 CHAR 类型的区别为是否占用固定空间，如果定义一个 VARCHAR(10)的列，实际存储的数据长度是 5，则它只会占用 5 字节的存储空间。

（2）差异性分析。

CHAR 类型占用的存储空间固定，在存储短字符串时存在空间浪费，但在查询时比较快速；而 VARCHAR 类型根据实际存储的数据长度动态分配存储空间，在存储短字符串时可以节省存储空间，但在查询时可能会稍微慢一些。

（3）使用场景。

CHAR 类型适合存储长度固定的字符串，例如存储邮政编码、固定长度的标识符等；VARCHAR 类型适合存储长度可变的字符串，例如存储用户的姓名、地址等。

2. 数值数据类型

语法格式如下：

NUMERIC/NUMBER/DECIMAL/DEC[(精度[,标度])]

说明：NUMERIC/NUMBER/DECIMAL/DEC 数据类型用于存储零、正负定点数；精度是一个无符号整数，定义了总数字数，范围是 1~38；标度定义了小数点右边的数字位数。定义时如省略精度，则默认是 16；如省略标度，则默认为 0。一个数的标度不应大于其精度。如果不指定精度和标度，默认精度为 38，标度不限定。以 NUMERIC 为例：NUMERIC(4,1) 定义了小数点前面 3 位和小数点后面 1 位，共 4 位数字，范围为-999.9~999.9。所有 NUMERIC 数据类型如果其值超过精度，达梦数据库只返回一个出错信息，如果超过标度，则多余的位截断。

3. 位串数据类型

语法格式如下：

BIT

说明：BIT 类型用于存储整数数据 0、1 或 NULL，可以用来支持 ODBC 和 JDBC 的布尔数据类型。只有值为 0 时才转换为假，其他非空、非 0 值都会自动转换为真。

```
//创建表，定义性别字段为 sex，1 为男，0 为女
CREATE TABLE dmhr.BIT_TEST(
    id INT NOT NULL,
    name VARCHAR(10),
    sex BIT
);
//插入数据
INSERT INTO dmhr.BIT_TEST values('20240001','赵晓楠',0);
INSERT INTO dmhr.BIT_TEST values('20240002','张绍龙',1);
COMMIT;
SELECT * FROM dmhr.BIT_TEST;
```

查看结果，如图 2.10 所示。

ID INT	NAME VARCHAR(10)	SEX BIT
20240001	赵晓楠	0
20240002	张绍龙	1

图 2.10 BIT 类型数据查询结果

4. 日期时间数据类型

日期时间数据类型分为一般日期时间数据类型、时间间隔数据类型和时区数据类型三类，用于存储日期、时间和它们之间的间隔信息。

一般日期时间数据类型：DATE 类型包括年、月、日信息；TIME 类型包括时、分、秒

信息；TIMESTAMP 类型包括年、月、日、时、分、秒信息。

```
//创建表，定义3个日期时间数据类型，date、time 及 timestamp
create table dmhr.date_test(
        id int not null,
        goods varchar(10),
        pay_date date,
        pay_time time(2),
        pay_timestamp timestamp
);
//插入数据
insert into dmhr.date_test values('2024001','华为手机','2024-07-17','23:59:59.99','2024-07-17 23:59:59.999999');
insert into dmhr.date_test values('2024002','中兴手机','2024-07-18','10:08:28.99','2024-07-18 10:08:28.999999');
commit;
select * from dmhr.date_test;
```

查看结果，如图 2.11 所示。

ID	GOODS	PAY_DATE	PAY_TIME	PAY_TIMESTAMP
INT	VARCHAR(10)	DATE	TIME(2)	TIMESTAMP(6)
2024001	华为手机	2024-07-17	23:59:59.99	2024-07-17 23:59:59.999999
2024002	中兴手机	2024-07-18	10:08:28.99	2024-07-18 10:08:28.999999

图 2.11　日期时间类型数据查询结果

注意：TIME 类型的小数秒精度规定了秒字段中小数点后面的位数，取值范围为 0～6，如果未定义，默认精度为 0。TIMESTAMP 类型的小数秒精度规定了秒字段中小数点后面的位数，取值范围为 0～6，如果未定义，默认精度为 6。

5. 大文本/多媒体数据类型

BLOB 采用单字节存储，适合保存二进制数据，如图片、音视频文件。

CLOB 采用多字节存储，适合保存大文本数据。

多媒体数据类型的字值有两种格式：一是字符串，如'ABCD'；二是 BINARY，如 0x61626364。

多媒体数据类型包括以下几种：

- TEXT/LONG/LONGVARCHAR 类型：变长字符串类型，长度最大为（100G-1）字节，用于存储长的文本串。
- IMAGE/LONGVARBINARY 类型：用于指明多媒体信息中的图像类型，长度最大为（100G-1）字节。
- BLOB 类型：用于指明变长的二进制对象，长度最大为（100G-1）字节。
- CLOB 类型：用于指明变长的字母数字字符串，长度最大为（100G-1）字节。
- BFILE 类型：用于指明存储在操作系统中的二进制文件。

```
//创建表，定义多个多媒体数据类型字段
create table dmhr.text_test(
        c1 text,
        c2 blob,
        c3 clob,
        c4 image
);
```

```
//插入数据
insert into dmhr.text_test values('dameng','0x123456789','clob','0x987654321');
commit;
select * from dmhr.text_test;
```

查看结果，如图 2.12 所示。

C1	C2	C3	C4
TEXT	BLOB	CLOB	IMAGE
<长文本>	<二进制>	<长文本>	<二进制>

图 2.12　大文本/多媒体类型数据查询结果

注意：BLOB 类型和 IMAGE 类型的字段内容必须存储十六进制的数字串内容。

任务实施

根据教务管理系统实际运行数据需要，为每个对象及关系的属性确定合适的数据类型，绘制物理结构表，具体见表 2.9～表 2.15。

表 2.9　学生表（STUDENT）

序号	字段	类型	是否主键	约束	说明
1	ID	INT	是	主键	
2	STU_NO	VARCHAR(15)			学号
3	STU_NAME	VARCHAR(10)			姓名
4	STU_GENDER	VARCHAR(2)			性别
5	DEPT_NO	VARCHAR(20)			系部编号
6	CLASS_NO	VARCHAR(20)			班级编号

表 2.10　教师表（TEACHER）

序号	字段	类型	是否主键	约束	说明
1	ID	INT	是	主键	
2	TEA_NO	VARCHAR(15)			教师编号
3	TEA_NAME	VARCHAR(10)			教师姓名
4	TEA_GENDER	VARCHAR(2)			性别
5	TEA_PRO	VARCHAR(10)			职称
6	DEPT_NO	VARCHAR(20)			所属系部编号

表 2.11　课程表（COURSE）

序号	字段	类型	是否主键	约束	说明
1	ID	INT	是	主键	
2	COU_NO	VARCHAR(15)			课程编号
3	COU_NAME	VARCHAR(20)			课程名称
4	COU_NUM	INT			学时
5	COU_TERM	VARCHAR(20)			开课学期
6	COU_PLACE	VARCHAR(20)			上课地点
7	DEPT_NO	VARCHAR(20)			开课系部编号

表2.12 班级表（CLASS）

序号	字段	类型	是否主键	约束	说明
1	ID	INT	是	主键	
2	CLASS_NO	VARCHAR(20)			班级编号
3	CLASS_NAME	VARCHAR(20)			班级名称
4	CLASS_TEACHER	VARCHAR(10)			班主任
5	CLASS_NUM	INT			人数
6	DEPT_NO	VARCHAR(20)			所属系部编号

表2.13 系部表（DEPARTMENT）

序号	字段	类型	是否主键	约束	说明
1	ID	INT	是	主键	
2	DEPT_NO	VARCHAR(20)			系部编号
3	DEPT_NAME	VARCHAR(20)			系部名称
4	DEAN	VARCHAR(10)			系主任

表2.14 用户表（USER）

序号	字段	类型	是否主键	约束	说明
1	ID	INT	是	主键	
2	USER_NO	VARCHAR(20)			账号
3	USER_PWD	VARCHAR(20)			密码
4	USER_PERMISSION	INT			权限

表2.15 教学表（TEACHING）

序号	字段	类型	是否主键	约束	说明
1	ID	INT	是	主键	唯一序号
2	STU_NO	VARCHAR(15)			学号
3	COU_NO	VARCHAR(15)			课程编号
4	TEA_NO	VARCHAR(15)			任课教师编号
5	COU_TERM	VARCHAR(20)			开课学期
6	COU_GRADE	DECIMAL(1)		默认0	考试成绩

任务小结

达梦数据库的字段类型包括基础数据类型和高级扩展数据类型。基础数据类型包括数值型、字符型、日期型和二进制型，高级扩展数据类型包括大对象型、空间数据类型和JSON型。使用达梦数据库时，可以根据实际需求选择不同的数据类型，并且可以使用CAST或CONVERT函数进行数据类型转换。

习 题 2

1. 第一范式要求，表中各个字段要具有_____性。
2. 第二范式要求，表中各个字段要_____依赖主键。
3. 第三范式要求，表中各个字段之间不能存在_____依赖关系。
4. E-R 图中用_____来表示实体，用_____来表示属性，用_____来表示关系。
5. 固定长度字符类型数据用_____类型存储，可变长字符类型数据用_____类型存储。

单元 3　教务管理系统数据库的创建

单元导读

达梦数据库的常用对象主要包括表空间和表等，这些对象构成了达梦数据库的基本组件，理解和使用常用对象是使用达梦数据库的基础。表空间是对达梦数据库的逻辑划分，一个数据库有多个表空间，一个表空间对应着磁盘上一个或多个数据库文件，是创建其他数据库对象的基础。表是数据库中数据存储的基本单元，是用户对数据进行读和操纵的逻辑实体。表由列和行组成，每一行都代表一个单独的记录，每一列都有一个名称并有其特性。

本单元重点介绍表空间和表等常用对象的创建、修改、删除操作，可以通过 SQL 命令或达梦数据库管理工具完成相应操作。

品德塑造

通过演示达梦数据库从参数配置到存储结构搭建的全流程，强调国产数据库在底层架构、安全标准上的自主设计能力，引导学生思考核心技术突破对打破"卡脖子"困境的战略价值。在字段约束、权限管理等细节操作中，融入"严谨规范、数据确权"的理念，例如通过设置字段校验规则体现对数据真实性的敬畏，借助用户权限分层传递"技术服务于人"的责任伦理。使学生在技术实践中体会"数据关乎国家信息安全"的使命感，塑造既有技术理性又具家国情怀的科技人才品格。

单元目标

知识目标
- 掌握使用达梦数据库管理工具创建和管理表空间、数据表的方法。
- 掌握使用 SQL 语句创建和管理表空间、数据表的方法。
- 掌握创建和管理表空间、数据表时的注意事项。

能力目标
- 能运用达梦数据库管理工具创建和管理表空间、数据表。
- 能运用 SQL 语句创建和管理表空间、数据表。
- 能根据实际项目需求创建和管理表空间、数据表。

素养目标
- 培养自主学习、独立思考和探究的能力。
- 培养正确认识问题、深入分析问题并有效解决问题的能力。
- 强化的代码编写规范意识和创新意识。

任务 3.1　创建和管理教务管理系统数据库中的表空间

任务描述

根据对教务管理系统数据库的分析以及日常的运行需求，需要在系统的表空间中进行创建、修改和删除操作，本次任务要在教务管理系统数据库中创建和管理表空间 EDU_SPACE。

知识准备

1. 创建表空间

创建表空间的过程就是在磁盘上创建一个或多个数据文件的过程。这些数据文件被达梦数据库管理系统控制和使用，所占的磁盘存储空间归数据库使用。表空间用于存储表、视图、索引等内容，可以占据固定的磁盘空间，也可以随着存储数据量的增加而不断扩展，检查系统信息。

SQL 命令格式如下：

```
create tablespace <表空间名><数据文件子句>[<数据页缓冲池子句>][<存储加密子句>];
```

各子句说明如下：

```
//::= 用于定义一个语法对象，表示该对象与右侧的语法描述具有相同的含义
<数据文件子句>::= datafile <文件说明项>{,<文件说明项>}
<文件说明项>::=<文件路径>[ mirror <文件路径>] size <文件大小>[<自动扩展子句>]
<自动扩展子句>::= autoextend < on [<每次扩展大小子句>][<最大大小子句>]| off >]
<每次扩展大小子句>::= next <扩展大小>
<最大大小子句>::= maxsize<文件最大大小>
<数据页缓冲池子句>::= cache =<缓冲池名>
<存储加密子句>::= encrypt with<加密算法>by<加密密码>
```

在创建表空间时必须指定表空间的名称和表空间使用的数据文件，当一个表空间中有多个数据文件时，在数据文件子句中依次列出。数据页缓冲池子句是可选项，默认值为 normal；存储加密子句是可选项，默认不加密。语法格式中的部分参数的详细说明见表 3.1。

表 3.1 新建表空间部分参数说明

参数	说明
<表空间名>	表空间名称最大长度为 128 字节
<文件路径>	指明新生成的数据文件在操作系统下的路径和新数据文件名。数据文件的存放路径应符合达梦数据库安装路径的规则，并且该路径必须是已经存在的
mirror <文件路径>	数据文件镜像，用于在数据文件出现损坏时替代数据文件进行服务。<文件路径>必须是绝对路径，必须在建立数据库时开启页校验的参数 page_check
<文件大小>	整数值，指明新增数据文件的大小（单位为 MB），取值范围为 4096×页大小～2147483647×页大小

示例：创建表空间 SPACE1，包含数据文件 space101.dbf，存放至 dmdbms/data 目录下，文件初始大小为 64MB，自动扩展，每次扩展 4MB，最大值为 10GB。

```
create tablespace space1 datafile '/dmdbms/data/space101.dbf' size 64 autoextend on next 4 maxsize 10240 cache = normal;
```

2. 修改表空间

随着数据库的数据量不断增加，原来创建的表空间可能不能满足数据存储的需要，应适当对表空间进行修改，增加数据文件或者扩展数据文件的大小。对表空间的修改可以通过应用 SQL 命令或达梦数据库管理工具来完成。

SQL 命令格式如下：

```
alter tablespace <表空间名>
```

[online | offline |<表空间重命名子句>]|<数据文件重命名子句><增加数据文件子句>
<修改文件大小子句><修改文件自动扩展子句><数据页缓冲池子句>];

部分子句说明如下：

<表空间重命名子句>::= rename to <表空间名>
<数据文件重命名子句>::= rename datafile <文件路径>{,<文件路径>} to <文件路径>{,<文件路径>}
<增加数据文件子句>::= add <数据文件子句>
<修改文件大小子句>::= resize datafile <文件路径>to<文件大小>
<修改文件自动扩展子句>::= datafile <文件路径>{,<文件路径>}[<自动扩展子句>]}

通过这条 SQL 命令，可以设置表空间脱机或联机、修改表空间的名称、修改数据文件的名称、增加数据文件、修改数据文件的大小、修改数据文件的自动扩展特性等。

示例：修改表空间 SPACE1 中的数据文件 space101.dbf 的大小为 128MB。

alter tablespace space1 resize datafile '/dmdbms/data/space101.dbf' to 128;

3．删除表空间

虽然在实际工作中很少进行删除表空间的操作，但是掌握删除表空间的方法还是很有必要的。由于表空间中存储了表、视图、索引等数据对象，因此删除表空间必然会带来数据损失，达梦数据库对删除表空间有严格限制。

SQL 命令格式如下：

drop tablespace <表空间名>;

示例：删除表空间 SPACE1。

drop tablespace space1;

任务实施

1．创建表空间

（1）使用达梦数据库管理工具创建表空间。

【子任务 3-1】创建一个名为 EDU_SPACE 的表空间，包含一个数据文件 EDU_SPACE.DBF，初始大小为 256MB。

步骤 1：启动达梦数据库管理工具，并使用具有 DBA 角色的用户登录，如使用 SYSDBA 用户，如图 3.1 所示。

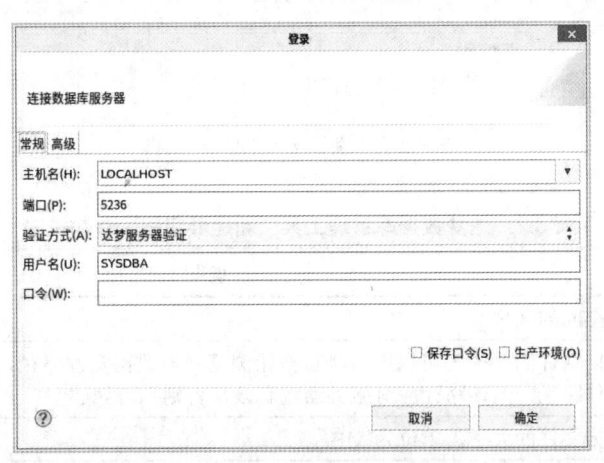

图 3.1 登录达梦数据库管理工具

注意：由于达梦数据库严格区分字母大小写，在输入口令时应注意。同时在后续操作中也需要注意字母大小写问题。

步骤 2：登录达梦数据库管理工具后，右击对象导航页面的"表空间"节点，在弹出的快捷菜单中单击"新建表空间"选项，如图 3.2 所示。

步骤 3：在弹出的图 3.3 所示的"新建表空间"对话框中，在"表空间名"文本框中设置表空间的名称为 EDU_SPACE，注意字母大小写。对话框中的参数说明见表 3.2。

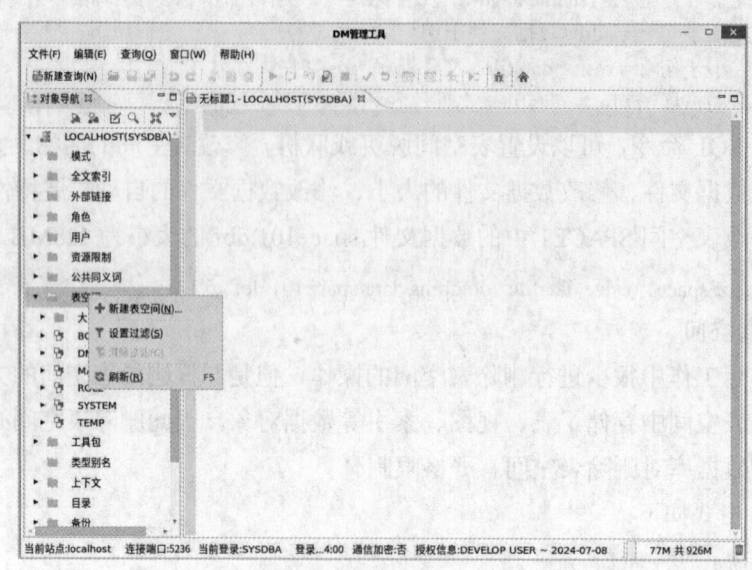

图 3.2 "新建表空间"选项

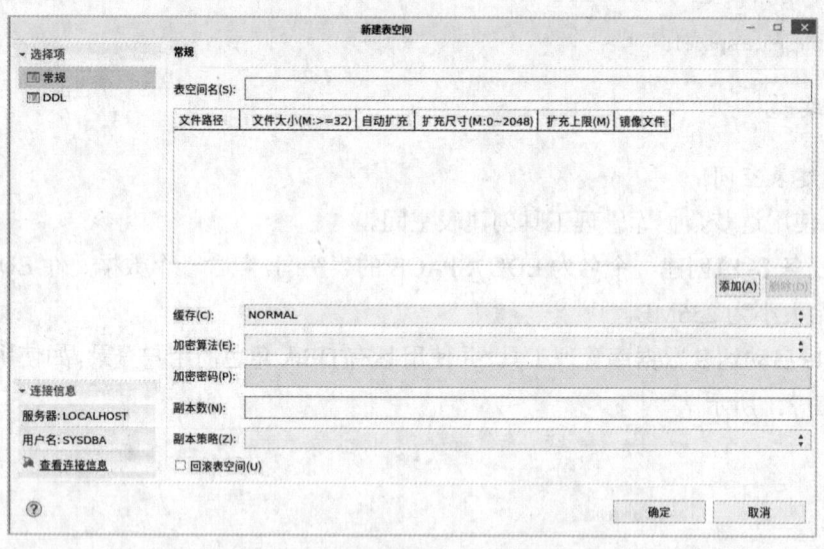

图 3.3 "新建表空间"对话框

表 3.2 达梦数据库管理工具"新建表空间"参数说明

参数	说明
表空间名	表空间的名称
文件路径	数据文件的路径，可以单击浏览按钮浏览本地数据文件路径，也可以手动输入数据文件路径，但该路径应对服务器端有效，否则无法创建
文件大小	数据文件的大小，单位为 MB
自动扩充	数据文件的自动扩展属性状态包括以下 3 种情况 默认：使用服务器默认设置 打开：开启数据文件的自动扩展 关闭：关闭数据文件的自动扩展

续表

参数	说明
扩充尺寸	数据文件每次扩展的大小，单位为 MB
扩充上限	数据文件可以扩展到的最大值，单位为 MB
镜像文件	表空间镜像的路径，用于指定用户表空间镜像路径镜像文件

步骤 4：单击"添加"按钮，在表空间的表格中自动添加一行记录，原始数据文件大小默认为 32MB，修改为 256MB，在文件路径单元格中输入创建文件的名称，存放至数据库默认目录下，其他参数不变，结果如图 3.4 所示。

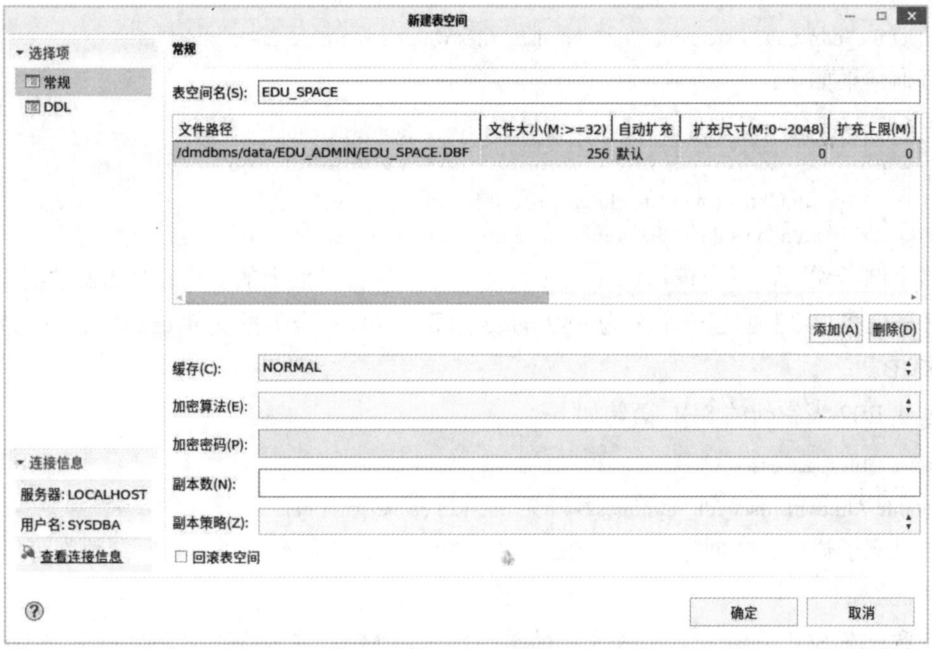

图 3.4　新建 EDU_SPACE 表空间

步骤 5：参数设置完成后，可单击"新建表空间"对话框左侧的 DDL 选择项，观察新建表空间对应的语句，如图 3.5 所示。单击"确定"按钮，完成 EDU_SPACE 表空间的创建。可在达梦数据库管理工具左侧对象导航页面的"表空间"下看到新建的表空间。

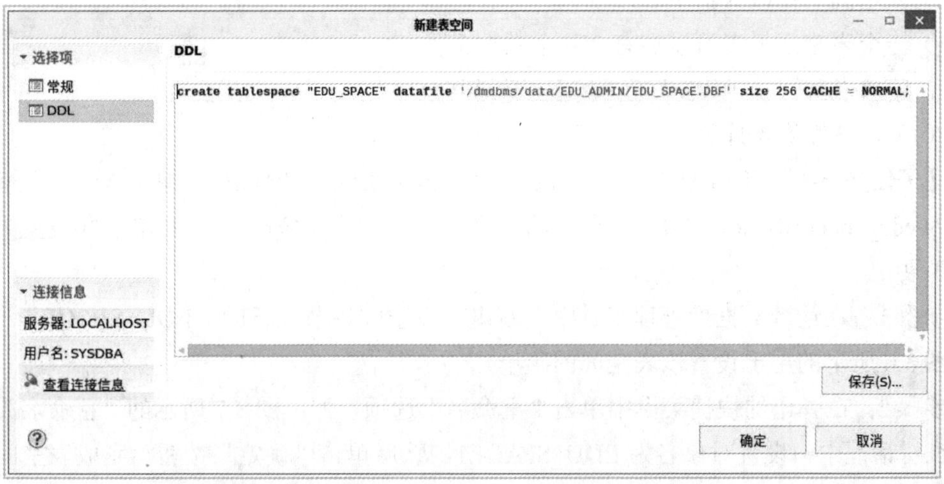

图 3.5　新建 EDU_SPACE 表空间对应的 DDL 语句

(2)使用 SQL 语句创建表空间。

【子任务 3-2】创建一个名称为 ES1 的表空间，包含两个数据文件。其中，es101.dbf 文件的初始大小为 128MB，可自动扩展，每次扩展 4MB，最大扩展至 1024MB；es102.dbf 文件的初始大小为 256MB，不能自动扩展。

创建 ES1 表空间的 SQL 语句如下：

```
create tablespace es1
datafile '/dmdbms/data/edu_admin/es101.dbf'
size 128 autoextend on next 4 maxsize 1024 ,
'/dmdbms/data/edu_admin/es102.dbf' size 256 autoextend off cache = normal;
```

查询 ES1 表空间的 SQL 语句如下：

```
select file_name,autoextensible from dba_data_files where tablespace_name = 'es1';
```

查询结果如下：

行号	file_name	autoextensible
1	/dmdbms/data/edu_admin/es101.dbf	yes
2	/dmdbms/data/edu_admin/es102.dbf	no

这个例子说明，一个逻辑意义上的表空间可以包含磁盘上的多个物理数据文件。

【子任务 3-3】创建一个名为 ES2 的表空间，包含一个数据文件 es201.dbf，初始大小为 128MB。

创建 ES2 表空间的 SQL 语句如下：

```
create tablespace es2
datafile '/dmdbms/data/edu_admin/es201.dbf' size 128 cache = normal;
```

这个例子说明，在创建表空间的命令中，除一些必要的参数外，其他参数都可以省略，采用默认值。

注意：在 SQL 命令中，文件大小的单位默认为 MB，在命令中只写数据文件大小的阿拉伯数字即可。

(3)创建表空间注意事项。

1) 创建表空间的用户必须具有创建表空间的权限，一般登录具有 DBA 权限的用户账户进行创建、修改、删除等表空间管理活动。

2) 表空间名在服务器中必须唯一。

3) 一个表空间最多可以拥有 256 个数据文件。

2. 修改表空间

(1)用达梦数据库管理工具修改表空间。

【子任务 3-4】将 EDU_SPACE 的表空间名改为 EDU_SPACE1，并为该表空间增加一个名为 edu_space101.dbf 的数据文件，将该文件的初始大小修改为 128MB，并设置为不能自动扩展。

步骤 1：在达梦数据库管理工具中，右击"表空间"节点下的"EDU_SPACE"节点，弹出图 3.6 所示的用于设置该表空间的菜单。

步骤 2：在弹出的快捷菜单中单击"重命名"选项，弹出图 3.7 所示的"重命名"对话框。在对话框中，设置对象名为 EDU_SPACE1，然后单击"确定"按钮，完成表空间的重命名。

图 3.6 用于设置表空间的菜单

图 3.7 "重命名"对话框

步骤 3：再次进入图 3.6 所示菜单，单击"修改"选项，进入图 3.8 所示的"修改表空间"对话框。

图 3.8 "修改表空间"对话框

步骤 4：在图 3.8 所示对话框中，单击"添加"按钮，添加一行数据文件记录。按照图 3.9 所示参数设置文件路径、文件大小、自动扩充等参数，并单击"确定"按钮完成数据文件的添加。

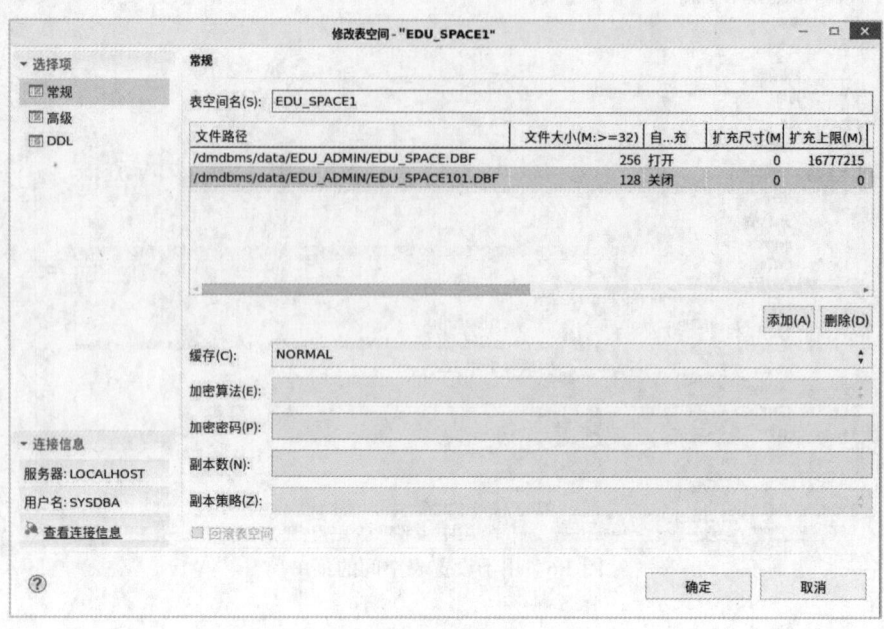

图 3.9 为表空间添加数据文件

（2）用 SQL 语句修改表空间。

【子任务 3-5】给 ES1 表空间增加数据文件 es103.dbf，大小为 128MB。

alter tablespace es1 add datafile '/dmdbms/data/edu_admin/es103.dbf' size 128;

【子任务 3-6】修改 ES1 表空间数据文件 es103.dbf 的大小为 256MB。

alter tablespace es1 resize datafile '/dmdbms/data/edu_admin/es103.dbf' to 256;

【子任务 3-7】重命名数据文件 es103.dbf 为 es104.dbf。

在重命名数据文件时，必须先将数据文件设置为离线（offline）状态后，才能重命名文件。

步骤 1：设置数据文件离线。

alter tablespace es1 offline;

步骤 2：修改数据文件名。

alter tablespace es1 rename datafile '/dmdbms/data/edu_admin/es103.dbf' to '/dmdbms/data/edu_admin/es104.dbf';

步骤 3：设置数据文件在线（online）。

alter tablespace es1 online;

【子任务 3-8】修改数据文件 ts104.dbf 为自动扩展，每次扩展 4MB，最大可扩展至 1024MB。

alter tablespace es1
datafile '/dmdbms/data/edu_admin/es104.dbf' autoextend on next 4 maxsize 1024;

【子任务 3-9】将 ES1 表空间重命名为 ES_1。

alter tablespace es1 rename to es_1;

（3）修改表空间注意事项。

1）修改表空间的用户必须具有修改表空间的权限，一般登录具有 DBA 权限的用户账户进行创建、修改、删除等表空间管理活动。

2）在修改表空间数据文件大小时，修改后的文件大小必须大于原文件的大小。

3）如果表空间有未提交事务，则表空间不能修改为 offline 状态。

4）在重命名表空间数据文件时，表空间必须处于 offline 状态，在表空间修改成功后再将表空间修改为 online 状态。

3. 删除表空间

（1）用达梦数据库管理工具删除表空间。

【子任务 3-10】删除表空间 ES2。

步骤 1：登录达梦数据库管理工具，右击"表空间"节点下的 ES2 节点，在弹出的快捷菜单中单击"删除"选项，进入"删除对象"主界面，如图 3.10 所示。

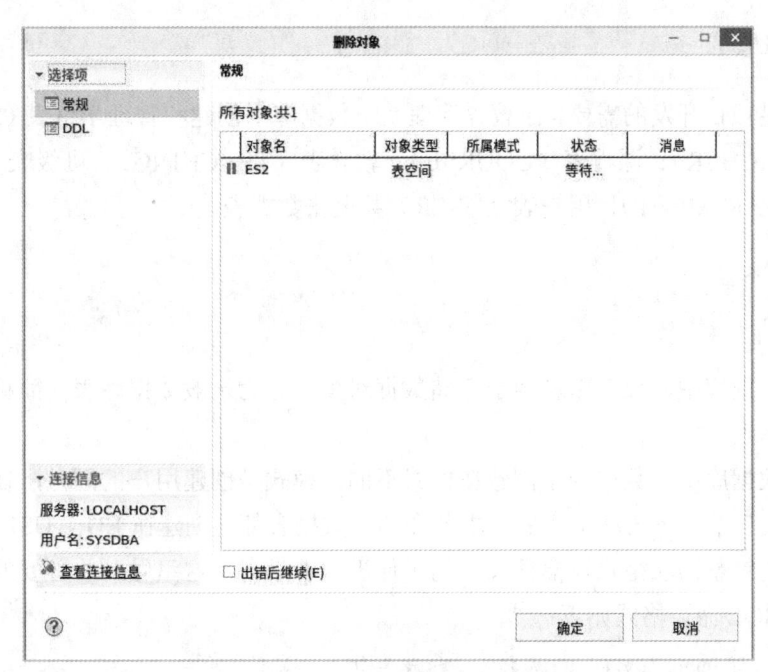

图 3.10 "删除对象"主界面

步骤 2：图 3.10 列出了被删除表空间的对象名、对象类型、所属模式、状态、消息等内容。ES2 处于等待删除的状态，"取消"按钮表示不删除，"确定"按钮表示删除。单击"确定"按钮后，完成 ES2 表空间及其数据文件的删除。

（2）用 SQL 语句删除表空间。

【子任务 3-11】使用 SQL 语句删除表空间 ES_1。

```
drop tablespace es_1;
```

（3）删除表空间注意事项。

1）SYSTEM、RLOG、ROLL 和 TEMP 等表空间不允许被删除。

2）删除表空间的用户必须具有删除表空间的权限，一般登录具有 DBA 权限的用户账户进行创建、修改、删除等表空间管理活动。

3）系统在处于 suspend 或 mount 状态时不允许删除表空间，系统只有在处于 open 状态时才允许删除表空间。

4）如果表空间中存放了数据对象，则不允许删除表空间；如果确实要删除表空间，则必须先删除表空间中的数据对象。

任务小结

要在达梦数据库中存储数据,首先要创建表空间。可以采用 SQL 命令行和达梦数据库管理工具两种方式来创建和管理表空间。SQL 命令行方式高效快捷,但需熟练掌握 SQL 语句的使用方法。达梦数据库管理工具对表空间进行操作时,大部分操作都能使用菜单方式完成,而不需要熟练记忆操作命令,管理直观、简捷,同时为初学者理解 SQL 语句提供了方便。

任务 3.2 创建教务管理系统数据库中的表

任务描述

为了满足项目开发的需要,在教务管理系统数据库中创建和管理学生表(STUDENT)、教师表(TEACHER)、课程表(COURSE)、教学表(TEACHING)、班级表(CLASS)、系部表(DEPARTMENT)、用户表(USER)共七张数据表。

知识准备

1. 创建表

在达梦数据库中,数据库表用于存储数据对象,分为一般数据库表(简称数据表)和高性能数据库表。

在达梦数据库中,数据表是创建在模式下的,模式是创建用户的同时,在对象导航窗口中的"模式"节点下自动生成的,本节介绍的数据表都是创建在 EDU_USER 模式下的。

表结构的完整语法格式篇幅很长,为了便于读者学习,这里做一些必要的简化。创建数据库表的 SQL 命令格式如下:

create [[global] temporary] table <表名定义><表结构定义>;

各子句说明如下:

<表名定义>::=[<模式名>.]<表名>
<表结构定义>::=(<字段定义>[,<字段定义>][<表级约束定义>[,<表级约束定义>]])[<partition 子句>][<空间限制子句>][< storage 子句>]
<字段定义>::=<字段名><字段类型>[default<列默认值表达式>]<唯一性约束>[primary key]|[[not] cluster primary key]| [cluster [unique] key]|unique
<引用约束>::= references [<模式名>.]<表名>[(<列名>[[<列名>]})]
<表级约束定义>::=[constraint<约束名>]<唯一性约束选项>(<列名>[,<列名>])| foreign key (<列名>[,<列名>])<引用约束>| check (<检验条件>)

示例:在 EDU_USER 模式下创建 info 表,表的字段要求见表 3.3。

表 3.3 info 表的字段要求

序号	字段	类型	是否主键	约束	说明
1	ID	INT	是	主键	
2	INFO_NO	VARCHAR(20)			信息编号

```
create table edu_user.info(
    id int,
```

```
    info_no varchar(20),
    primary key(id)
);
```

2. 修改表

为了满足用户在建立应用系统过程中需要调整数据库结构的要求，达梦数据库系统提供了数据库表修改语句和工具，包括修改表名、修改字段名、增加字段、删除字段、修改字段类型、增加表级约束、删除表级约束、设置字段默认值、设置触发器状态等操作，可对表的结构进行全面修改。

修改数据库表的 SQL 命令格式如下：

alter table [<模式名>.]<表名><修改表定义子句>

其中，<修改表定义子句>的简化格式如下：

```
modify <字段定义>
add [column]<字段定义>
drop [column]<字段名>[ restrict | cascade ]]
add [constraint [<约束名>]]<表级约束定义>[< check 选项>]]
drop constraint <约束名>[restrict | cascade]
```

（1）在使用 modify column 时，不能更改聚集索引的列，或者引用约束中引用和被引用的列。

（2）在使用 modify column 时，一般不能更改用于 check 约束的列。只有当该 check 约束的列都为字符串，且新列的长度大于旧列的长度；或者新列和旧列都为整型，且新列类型能够完全覆盖旧列类型［如 char(1)到 char (20)、tinyint 到 int 等］时，才能修改。

（3）在使用 modify column 时，不能在列上增加 check 约束，能修改的约束只有列的 null、not null 约束；如果某列现有的值均非空，则允许添加 not null；属于聚集索引包含的列不能被修改；自增列不允许被修改。

（4）在使用 add column 时，新增列名之间、新增列名与该基表中的其他列名之间均不能重复。若新增列有默认值，则已存在行的新增列值是其默认值。添加新列对于任何涉及表的约束定义没有影响，对于涉及表的视图定义会自动增加。例如，如果用"*"为一个表创建一个视图，那么后加入的新列会自动被加入该视图。

（5）用 drop column 子句删除列有两种方式：restrict 和 cascade。restrict 方式为默认选项，确保只有不被其他对象引用的列才能被删除。无论哪种方式，表中的唯一列不能被删除。

示例：在 info 表中添加一个 INFO_NUMBER 字段，该字段数据类型为 VARCHAR，长度为 5；将该字段的数据类型改为 CHAR，长度为 10；删除 INFO_NUM 字段。

```
alter table edu_user.info add info_number varchar(5);
alter table edu_user.info modify info_number char(10);
alter table edu_user.info drop info_number;
```

3. 删除表

删除数据库表会导致该表的数据及对该表的约束依赖被删除，因此在业务工作中很少有删除数据库表的操作。但作为数据库管理员，掌握删除数据库表的方法是非常必要的。

删除数据库表的 SQL 命令如下：

drop table [<模式名>.]<表名>[restrict | cascade];

示例：删除 info 表。

drop table edu_user.info;

任务实施

1. 创建表

（1）使用达梦数据库管理工具创建表。

【子任务 3-12】在 EDU_USER 模式下创建 STUDENT 表，表的字段要求见表 3.4。

表 3.4　STUDENT 表的字段要求

序号	字段	类型	是否主键	约束	说明
1	ID	INT	是	主键	
2	STU_NO	VARCHAR(15)			学号
3	STU_NAME	VARCHAR(10)			姓名
4	STU_GENDER	VARCHAR(2)			性别
5	DEPT_NO	VARCHAR(20)			系部编号
6	CLASS_NO	VARCHAR(20)			班级编号

步骤 1：启动达梦数据管理工具，使用具有 DBA 角色的用户连接数据库，如 SYSDBA 用户。在登录数据库成功后，右击对象导航窗体中 EDU_USER 模式下的"表"，弹出图 3.11 所示的快捷菜单。

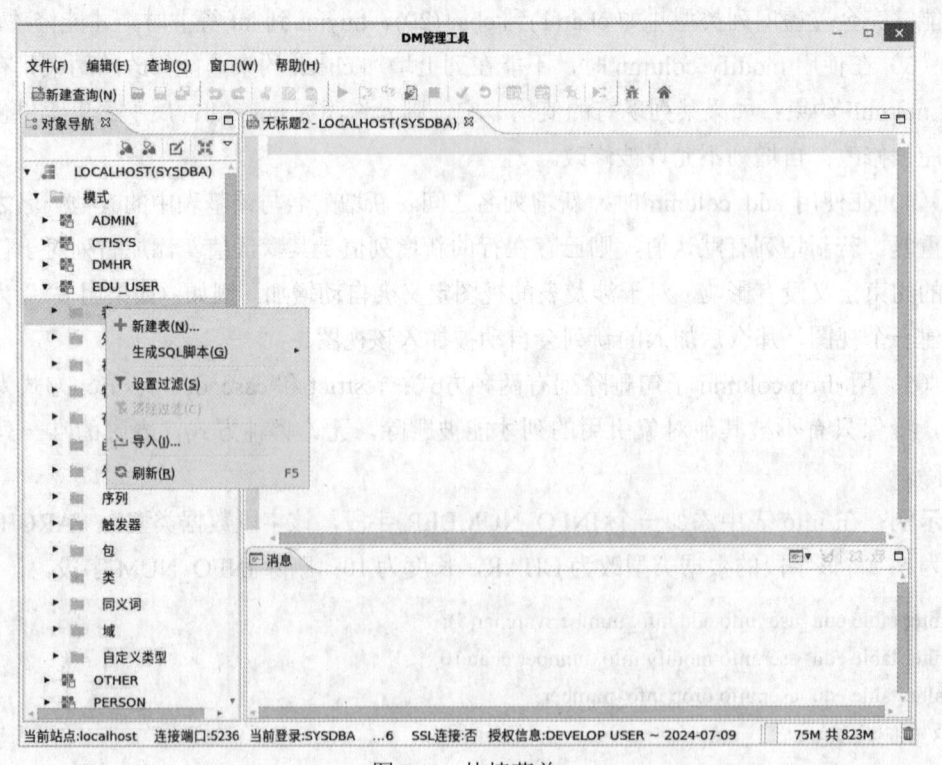

图 3.11　快捷菜单

步骤 2：在弹出的快捷菜单中单击"新建表"选项，弹出"新建表"对话框，如图 3.12 所示。

步骤 3：在图 3.12 所示的对话框中，进入"常规"参数页面，设置表名为 STUDENT，设置注释为"学生表"。

图 3.12 "新建表"对话框

单击"+"按钮,增加一个字段,选中"主键"复选框,"列名"为 ID,"数据类型"为 INT,默认非空,"精度"为 10,"标度"为 0。

单击"+"按钮,增加一个字段,"列名"为 STU_NO,"数据类型"为 VARCHAR,"精度"为 15,"标度"为 0。

单击"+"按钮,增加一个字段,"列名"为 STU_NAME,"数据类型"为 VARCHAR,"精度"为 10,"标度"为 0。

单击"+"按钮,增加一个字段,"列名"为 STU_GENDER,"数据类型"为 VARCHAR,"精度"为 2,"标度"为 0。

单击"+"按钮,增加一个字段,"列名"为 DEPT_NO,"数据类型"为 VARCHAR,"精度"为 20,"标度"为 0。

单击"+"按钮,增加一个字段,"列名"为 CLASS_NO,"数据类型"为 VARCHAR,"精度"为 20,"标度"为 0。

步骤 4:字段设置完成后,单击"确定"按钮,完成 STUDENT 表的创建。

(2)使用 SQL 语句创建表。

【子任务 3-13】在 EDU_USER 模式下创建 TEACHER 表、COURSE 表、TEACHING 表、CLASS 表、DEPARTMENT 表、USER 表,表的字段要求如表 3.5~表 3.10 所示。

表 3.5 TEACHER 表的字段要求

序号	字段	类型	是否主键	约束	说明
1	ID	INT	是	主键	
2	TEA_NO	VARCHAR(15)			教师编号
3	TEA_NAME	VARCHAR(10)			教师姓名
4	TEA_GENDER	VARCHAR(2)			性别
5	TEA_PRO	VARCHAR(10)			职称
6	DEPT_NO	VARCHAR(20)			所属系部编号

表 3.6 COURSE 表的字段要求

序号	字段	类型	是否主键	约束	说明
1	ID	INT	是	主键	
2	COU_NO	VARCHAR(15)			课程编号
3	COU_NAME	VARCHAR(20)			课程名称
4	COU_NUM	INT			学时
5	COU_TERM	VARCHAR(20)			开课学期
6	COU_PLACE	VARCHAR(20)			上课地点
7	DEPT_NO	VARCHAR(20)			开课系部编号

表 3.7 TEACHING 表的字段要求

序号	字段	类型	是否主键	约束	说明
1	ID	INT	是	主键	
2	STU_NO	VARCHAR(15)		外键	学号
3	COU_NO	VARCHAR(15)		外键	课程编号
4	TEA_NO	VARCHAR(15)		外键	任课教师编号
5	COU_TRAM	VARCHAR(20)		外键	开课学期
6	COU_GRADE	DECIMAL(2)		默认 0	考试成绩

表 3.8 CLASS 表的字段要求

序号	字段	类型	是否主键	约束	说明
1	ID	INT	是	主键	
2	CLASS_NO	VARCHAR(20)			班级编号
3	CLASS_NAME	VARCHAR(20)			班级名称
4	CLASS_TEACHER	VARCHAR(10)			班主任
5	CLASS_NUM	INT			人数
6	DEPT_NO	VARCHAR(20)			所属系部编号

表 3.9 DEPARTMENT 表的字段要求

序号	字段	类型	是否主键	约束	说明
1	ID	INT	是	主键	
2	DEPT_NO	VARCHAR(20)			系部编号
3	DEPT_NAME	VARCHAR(20)			系部名称
4	DEAN	VARCHAR(10)			系主任

表 3.10 USER 表的字段要求

序号	字段	类型	是否主键	约束	说明
1	ID	INT	是	主键	
2	USER_NO	VARCHAR(20)			账号
3	USER_PWD	VARCHAR(20)			密码
4	USER_PERMISSION	INT			权限

1）创建 TEACHER 表。

```sql
create table edu_user.teacher(
    id int,
    tea_no varchar(15),
    tea_name varchar(10),
    tea_gender varchar(2),
    tea_pro varchar(10),
    dept_no varchar(20),
    primary key(id)
);
```

2）创建 COURSE 表。

```sql
create table edu_user.course(
    id int,
    cou_no varchar(15),
    cou_name varchar(20),
    cou_num int,
    cou_term varchar(20),
    cou_place varchar(20),
    dept_no varchar(20),
    primary key(id)
);
```

3）创建 TEACHING 表。

```sql
create table edu_user.teaching(
    id int,
    stu_no varchar(15),
    cou_no varchar(15),
    tea_no varchar(15),
    cou_term varchar(20),
    cou_grade decimal(2),
    primary key(id)
);
```

4）创建 CLASS 表。

```sql
create table edu_user.class(
    id int,
    class_no varchar(20),
    class_name varchar(20),
    class_teacher varchar(10),
    class_num int,
    dept_no varchar(20),
    primary key(id)
);
```

5）创建 DEPARTMENT 表。

```sql
create table edu_user.department(
    id int,
    dept_no varchar(20),
    dept_name varchar(20),
    dean varchar(10),
    primary key(id)
);
```

6）创建 USERS 表。

```
create table edu_user.users(
    id int,
    user_no varchar(20),
    user_pwd varchar(20),
    user_permission int,
    primary key(id)
);
```

（3）创建表注意事项。

1）表至少要包含一个字段，在一个表中，各字段名不能相同；另外，一张表中最多可以包含 2048 个字段。

2）如果字段类型为 date，在指定默认值时，格式同 default date '2024-07-26'时，则会对数据进行有效性检查。

3）如果字段未指明 not null，也未指明<default 子句>，则隐含为 default null。

2. 修改表

（1）用达梦数据库管理工具修改表。

【子任务 3-14】添加和删除字段。以用户 SYSDBA 登录，在 EDU_USER 模式下的 STUDENT 表中添加一个 STUDENT_ADDRESS 字段，该字段数据类型为 VARCHAR，长度为 20，再删除该字段。

步骤 1：启动 DM 管理工具，以用户 SYSDBA 登录。登录数据库成功后，右击对象导航窗体中 EDU_USER 模式下的 STUDENT 表，弹出图 3.13 所示的快捷菜单。

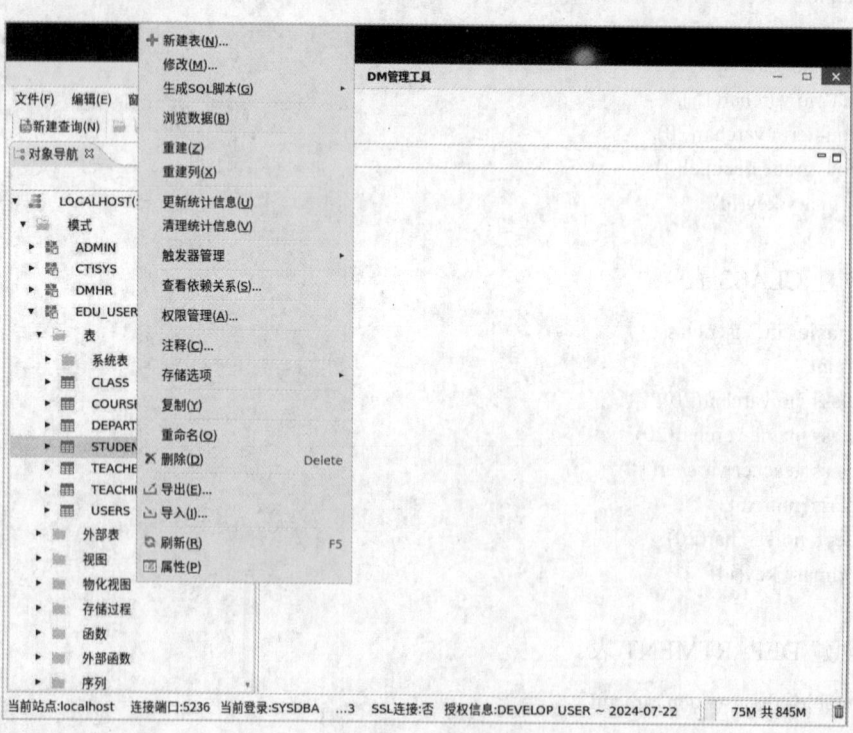

图 3.13　快捷菜单

步骤 2：在图 3.13 所示的快捷菜单中，单击"修改"选项，进入图 3.14 所示的"修改表"对话框。

步骤 3：在图 3.14 所示的对话框中，单击"+"按钮，增加一个名为 STUDENT_ADDRESS

的字段，并设置该字段的数据类型为 VARCHAR，精度为 20；选中 STUDENT_ADDRESS 字段信息，并单击"-"按钮，删除该字段。

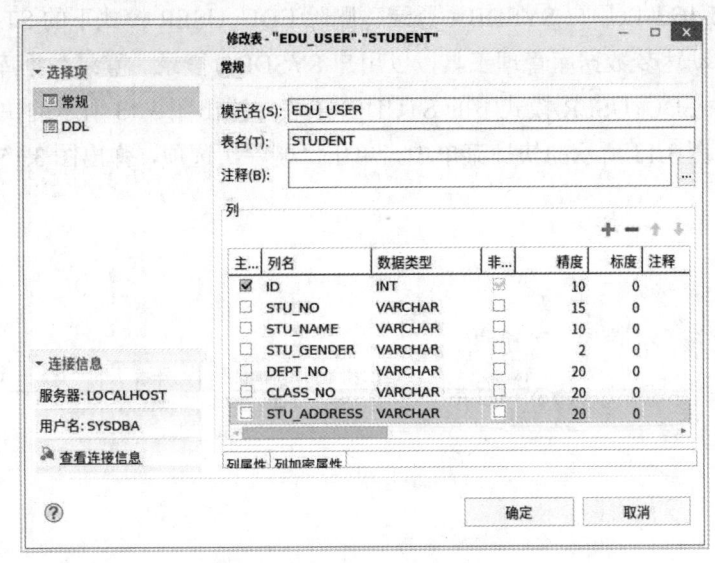

图 3.14 "修改表"对话框

（2）用 SQL 语句修改表。

【子任务 3-15】 修改数据表结构。

1）增加普通字段。在 TEACHER 表中增加 TEA_SALARY 字段，字段类型为 CHAR (10)。

alter table edu_user.teacher add tea_salary char (10);

2）修改字段的数据类型。将 TEACHER 表中 TEA_SALARY 字段的数据类型改为 INT，并指定该列为 not null。

alter table edu_user.teacher modify tea_salary int not null;

3）增加 CHECK 约束。为 TEACHER 表增加 CHECK 约束，名称为 SALARY_CHECK，要求 TEA_SALARY 字段的值大于 1000。

alter table edu_user.teacher add constraint salary_check check (tea_salary >1000);

4）删除约束。删除 TEACHER 表的 SALARY_CHECK 约束。

alter table edu_user.teacher drop constraint salary_check;

5）删除字段。删除 TEACHER 表的 TEA_SALARY 字段。

alter table edu_user.teacher drop tea_salary cascade;

（3）修改表注意事项。

1）当对列进行修改且可更改列的数据类型时，若表中无元组，则系统可任意修改其数据类型、长度、精度或量度；若表中有元组，则系统会尝试修改其数据类型、长度、精度或量度，如果修改不成功，则会报错返回。无论表中是否有元组，多媒体数据类型和非多媒体数据类型都不能相互转换。

2）在修改有默认值的列的数据类型时，原数据类型与新数据类型必须是可以转换的，否则即使数据类型修改成功，在进行插入等其他操作时，仍会出现数据类型转换错误。

3）在增加列时，新增列名之间、新增列名与该基表中的其他列名之间均不能重复。若新增列有默认值，则已存在的行的新增列值是其默认值。

4）具有 DBA 权限的用户或该表的建立者才能执行修改操作。

3. 删除表

（1）用达梦数据库管理工具删除表。

【子任务 3-16】以用户 SYSDBA 登录，删除 EDU_USER 模式下的 STUDENT 表。

步骤 1：启动达梦数据库管理工具，以用户 SYSDBA 登录。登录数据库成功后，右击对象导航窗体中 EDU_USER 模式下的 STUDENT 表，弹出图 3.13 所示的快捷菜单。

步骤 2：在图 3.13 所示的快捷菜单中，单击"删除"选项，弹出图 3.15 所示的"删除对象"对话框。

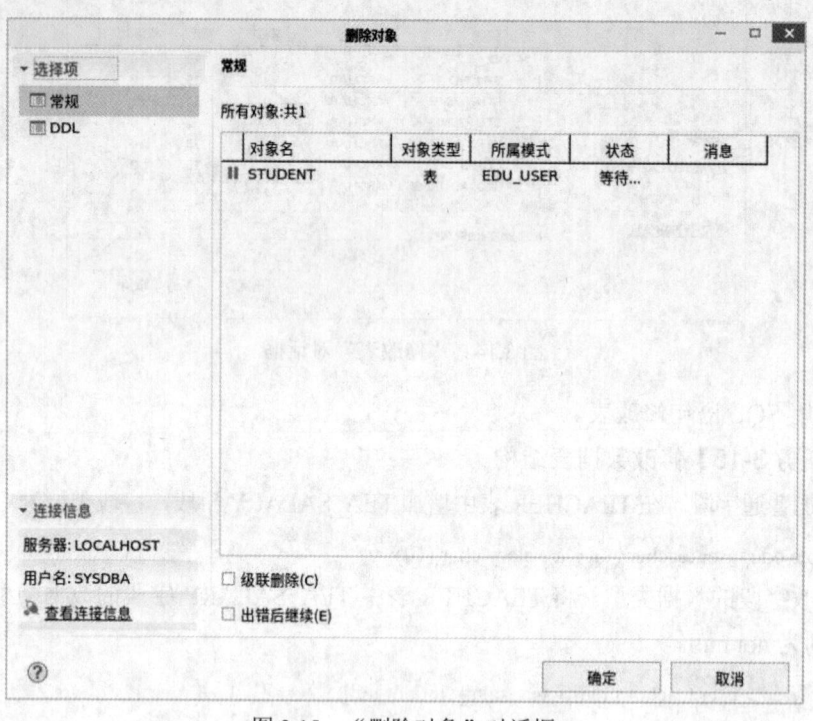

图 3.15 "删除对象"对话框

步骤 3：在"删除对象"对话框中，单击"确定"按钮，即可删除该表。

（2）用 SQL 语句删除表。

【子任务 3-17】删除 EDU_USER 模式下的 STUDENT 表。

drop table edu_user.student;

（3）删除表注意事项。

1）在删除主从表时，应先删除从表，再删除主表。

2）表被删除后，在该表上建立的索引也同时被删除。

3）表被删除后，所有用户在该表上的权限也自动被取消，以后系统中再创建的与该表同名的基表，与该表毫无关系。

任务小结

表是数据库中数据存储的基本单元，是用户对数据进行读和操纵的逻辑实体。表由列和行组成，每一行都代表一个单独的记录，每一列都有一个名称并有其特性。列的特性由两部分组成：数据类型和长度。对于 numeric、decimal 及包含秒的时间间隔类型来说，可以指定列的小数位及精度特性。在达梦数据库中，CHAR、CHARACTER、VARCHAR 数据类型的最大长度由数据库页面的大小决定，数据库页面大小在初始化数据库时指定。

为了确保数据库中数据的一致性和完整性，在创建表时可以定义表的实体完整性、域完整性和参照完整性。实体完整性定义表中的所有行能唯一地标识，一般用主键、唯一索引、unique 关键字、identity 属性来定义；域完整性通常指数据的有效性，限制数据类型、默认值、规则、约束、是否为空等条件，域完整性可以确保不会输入无效值；参照完整性维护表间数据的有效性、完整性，通常通过建立外键对应另一个表的主键实现。

如果用户在创建表时没有定义表的完整性和一致性约束条件，用户可以利用达梦数据库提供的表修改语句或工具来进行补充或修改。达梦数据库提供的表修改语句或工具可对表的结构进行全面修改，包括修改表名和列名、增加字段、删除字段、修改字段类型、增加表级约束、删除表级约束、设置字段默认值、设置触发器状态等一系列功能。

习 题 3

1. 如何查询及调整表空间的大小？
2. 在重命名表空间数据文件时，表空间要处于什么状态？
3. 创建表时，表内最少包含多少个字段，最多包含多少个字段？
4. 修改表时，表内的字段的数据类型可以修改为任意类型吗？
5. 删除表时，如果表间有主从表关系，应该先删除哪个表？

单元 4　教务管理系统的数据操作

单元导读

教务管理系统数据库在投入使用后，需要对教务相关数据进行管理，包括新增数据、更新数据、删除数据。

我们可以不断向数据库添加新的信息，使其内容不断丰富和扩展。新增数据的主要目的是存储和管理更多的信息，这在各类应用场景中都是至关重要的。

更新数据是指修改数据库中已有记录的内容。这一操作对于维护数据的准确性和时效性至关重要。随着业务的发展和数据的变化，数据库中的某些记录可能需要进行更新，以反映最新的信息。

删除数据是指从数据库中移除不再需要或过期的记录。这一操作对于数据清理和数据库管理非常重要。随着时间的推移，数据库中的某些记录可能会过时或无用，通过删除操作可以释放存储空间，提高数据库的运行效率。

本单元根据教务管理系统日常业务需要，采用 SQL 命令实现对数据的新增、修改和删除操作。在教学过程中培养学生对实际问题的分析能力，以及在操作数据时需要考虑的完整性约束等条件，进而培养学生严谨认真的学习态度和全局性思维。

品德塑造

通过演示数据插入、修改与删除的操作规范，强调每一步操作都需遵循法律法规与伦理准则，例如在敏感信息处理中需结合《中华人民共和国数据安全法》要求，体现"数据即责任"的职业素养。通过权限控制、操作日志追溯等机制设计，引导学生理解技术行为的社会影响——一次未经授权的删除可能破坏教育公平，一次未经验证的修改可能动摇数据公信力。结合达梦数据库在金融、政务等关键领域的数据保护案例，诠释"技术有边界，操作须敬畏"的价值观，将代码层面的严谨性升华为对国家数据主权与公民隐私权的守护意识。最终让学生在掌握技术的同时，树立"以技术捍卫正义，用代码诠释担当"的科技伦理观。

单元目标

知识目标
- 掌握新增数据的 SQL 语法，并能应用其解决问题。
- 掌握更新数据的 SQL 语法，并能应用其解决问题。
- 掌握删除数据的 SQL 语法，并能应用其解决问题。

能力目标
- 能根据实际需要，用 SQL 语句实现数据新增。
- 能根据实际需要，用 SQL 语句实现数据更新。
- 能根据实际需要，用 SQL 语句实现数据删除。

素养目标
- 培养自主学习、独立思考和探究的能力。

- 培养正确认识问题、深入分析问题并有效解决问题的能力。
- 培养求真务实的科学态度和整体性思维。

任务 4.1 新增教务管理系统基础数据

任务描述

教务管理系统数据库在投入使用前，需要做数据库的初始化操作，即录入系统运行需要的基础数据，如：用户信息、学生信息、课程信息、教师信息等。本次任务就是新增教务管理系统运行所需要的各项基础数据和运行过程中需要管理的新数据。

知识准备

1. 插入新行

系统在运行过程中，如果有新数据产生，需要补充录入，此时会用到单行数据的插入操作，比如有新用户注册、新学生报到、新开设一门课程等。

新增单行数据 SQL 命令格式如下：

insert into <表名> values(<值1>[,<值2>,<值3>,...]);

语法说明如下：

- insert into：插入关键字。
- < >：表示实际使用时，尖括号里面的内容是需要根据实际情况替换的。
- [ ]：在实际应用中，方括号里的内容可以省略。
- 表名：被插入数据的表名称。
- 值1、值2、值3：被插入数据表的数据，顺序与数据表中的字段顺序一致。
- ... ：表示省略，具体根据实际情况确定。

示例：某单位新录用一名员工，现在需要把新员工信息录入雇员表 EMPLOYEE。

方法一：图形化输入。

进入达梦可视化管理工具，依次单击模式→DMHR→表，右击 EMPLOYEE，在快捷菜单中单击"浏览数据"选项，如图 4.1 所示，进入图 4.2 所示界面。

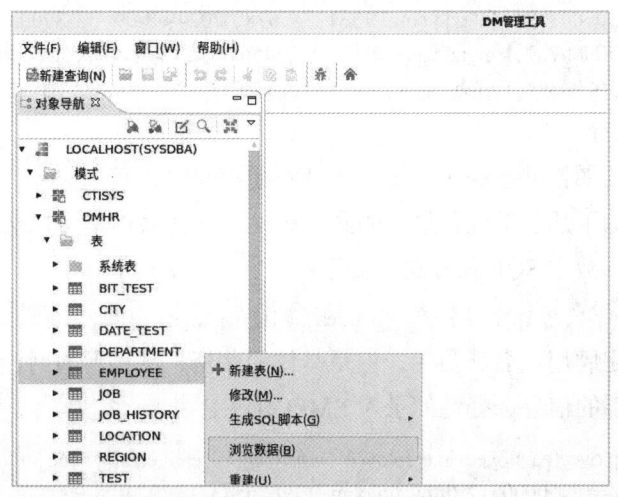

图 4.1 找到 EMPLOYEE 表

在 EMPLOYEE 表中滑到最后一行，填写相关数据内容，如图 4.2 所示，然后左上角单击保存图标或者使用 Ctrl+S 组合键保存。

方法二：SQL 命令输入。

```
insert into dmhr.employee values(12303,'张天航','350000987','zhang@qq.com',
'13912345678','2024-08-01','52',9500.00,0,11005,1105);
```

图 4.2　EMPLOYEE 表数据浏览

2. 插入多行

各种管理系统在运行之前往往需要导入很多基础数据。如：物业管理系统需要导入业主信息，图书馆管理系统需要导入图书信息，点餐管理系统需要导入菜品信息等。数据库在操作中也有同时增加多行的方法。

新增多行数据 SQL 命令格式如下：

```
insert into <表名> values(值 1[,值 2,值 3,...])[,(值 1[,值 2,值 3,...]),...];
```

示例：某单位新员工招聘，满足条件被录取的共有 5 人，人事部门现需将这 5 人的基本信息录入雇员表 EMPLOYEE。

```
insert into dmhr.employee values
(12401,'尚仁礼','35000809','shangrl@qq.com','13112345678', '2024-08-09','51',9700.00,0,1102,101),
(12402,'王晓靖','350000126','wangxj@qq.com','13212345678', '2024-08-09','52',8900.00,0,1109,102),
(12403,'李飞雪','350000732','lifx@qq.com','13312345678', '2024-08-09','52',8900.00,0,1109,102),
(12404,'宋天中','350000769','songtz@qq.com','13412345678', '2024-08-09','52',8900.00,0,1109,102),
(12405,'杨冰莹','350000874','yangby@qq.com','13512345678', '2024-08-09','53',9200.00,0,1105,103);
```

3. 选择性输入行

当对一条记录的属性并不完全知道，或者不想填写时，可以采用选择性输入。就比如注册一个新账号，除了那些带红色星号的必填属性，其他属性是可以选择不填的。

选择性新增单行数据 SQL 命令格式如下：

```
insert into <表名>(字段名 1[,字段名 2,...]) values(值 1[,值 2,...]);
```

示例：单位决定聘用一名新员工，但是具体的薪资、部门等暂时没有确定，所以人事部门只能把这名员工的信息选择性的录入 EMPLOYEE 表。

```
insert into dmhr.employee(employee_id,employee_name,identity_card,email,phone_num,hire_date,job_id)
values(13501,'李天昊','350000517','lith@qq.com','13987654321','2024-08-09',51);
```

任务实施

1. 基本数据导入

【子任务 4-1】在教务管理系统中提前录入基本信息，由于各个表中每条记录的属性一致，所以导入基本信息即向各个表中一次插入多行数据。

（1）学生表（STUDENT）数据导入。

```
insert into edu_user.student(id,stu_no,stu_name,stu_gender,dept_no,class_no) values
(1,'10100101','张红','女','10','1001'), (2,'10100102','张蒙','女','10','1001'),
(3,'10100103','刘刘','男','10','1001'), (4,'10100104','五行','男','10','1001'),
(5,'10100105','刘天','男','10','1001'), (6,'10100201','张来','女','10','1002'),
(7,'10100202','张天','女','10','1002'), (8,'10100203','刘欢','男','10','1002'),
(9,'10100204','王青','男','10','1002'), (10,'10100205','李灵','女','10','1002'),
(11,'10100301','吴铭','女','10','1003'), (12,'10100302','好铭','女','10','1003'),
(13,'10100303','王天铭','男','10','1003'), (14,'10100304','柳任','男','10','1003'),
(15,'10100305','彭波','女','10','1003'), (16,'10100401','王严','女','10','1004'),
(17,'10100402','刘董','女','10','1004'), (18,'10100403','田华','男','10','1004'),
(19,'10100404','彭全','男','10','1004'), (20,'10100405','张角','女','10','1004'),
(21,'11110101','刘明华','女','11','1101'), (22,'11110102','王永','女','11','1101'),
(23,'11110103','刘天杨','男','11','1101'), (24,'11110104','吴号','男','11','1101'),
(25,'11110105','刘蒙','男','11','1101'), (26,'11110201','田甜','女','11','1102'),
(27,'11110202','田明','女','11','1102'), (28,'11110203','王也','男','11','1102'),
(29,'11110204','王华','男','11','1102'), (30,'11110205','李泉','女','11','1102'),
(31,'11110301','韩杨','女','11','1103'), (32,'11110302','吴宏','女','11','1103'),
(33,'11110303','安全','男','11','1103'), (34,'11110304','冯天','男','11','1103'),
(35,'11110305','张吴','女','11','1103'), (36,'11110401','刘中','女','11','1104'),
(37,'11110402','王小','女','11','1104'), (38,'11110403','田聪','男','11','1104'),
(39,'11110404','刘中','男','11','1104'), (40,'11110405','张三','女','11','1104'),
(41,'12120101','王锐','女','12','1201'), (42,'12120102','王欢','女','12','1201'),
(43,'12120103','刘梦','男','12','1201'), (44,'12120104','王梦','男','12','1201'),
(45,'12120105','单蒙','男','12','1201'), (46,'12120201','李海','女','12','1202'),
(47,'12120202','吴冲','女','12','1202'), (48,'12120203','彭浩','男','12','1202'),
(49,'12120204','王永','男','12','1202'), (50,'12120205','李应','女','12','1202'),
(51,'13130101','田凤','女','13','1301'), (52,'13130102','张华','女','13','1301'),
(53,'13130103','将前','男','13','1301'), (54,'13130104','魏华','男','13','1301'),
(55,'13130105','韩学','女','13','1301'), (56,'14140101','刘艺','女','14','1401'),
(57,'14140102','王逸','女','14','1401'), (58,'14140103','杨书','男','14','1401'),
(59,'14140104','吕宏','男','14','1401'), (60,'14140105','张蒙华','女','14','1401');
```

查看 STUDENT 表：

```
select * from edu_user.student;
```

结果如图 4.3 所示。

（2）课程表（COURSE）数据导入。

```
insert into edu_user.course(id,cou_no,cou_name,cou_num,cou_term,cou_place,dept_no) values
(1,'1020220101','Java 程序设计',56,'2022-2023-1','T401','10'),
(2,'1020220102','Python 程序设计',64,'2022-2023-1','T402','10'),
(3,'1020220203','Linux 操作系统',52,'2022-2023-2','T403','10'),
(4,'1020220204','Java Web',44,'2022-2023-2','T404','10'),
(5,'1120220101','自动控制技术',66,'2022-2023-1','T405','11'),
(6,'1120220102','CAD 技术',34,'2022-2023-1','T406','11'),
(7,'1120220203','PLC 技术',46,'2022-2023-2','T407','11'),
(8,'1120220204','工业技术',66,'2022-2023-2','T408','11'),
(9,'1220220101','通信技术',56,'2022-2023-1','T401','12'),
(10,'1220220202','6G 技术',56,'2022-2023-2','T402','12'),
```

(11,'1320220101','物流技术',52,'2022-2023-1','T403','13'),
(12,'1320220202','物流管理',34,'2022-2023-2','T404','13'),
(13,'1420220101','视觉技术',44,'2022-2023-1','T403','14'),
(14,'1420220202','人工智能技术',88,'2022-2023-2','T404','14');

查看 COURSE 表：

select * from edu_user.course;

结果如图 4.4 所示。

| ID | STU_NO | STU_NAME | STU_GENDER | DEPT_NO | CLASS_NO |
INT	VARCHAR(15)	VARCHAR(10)	VARCHAR(2)	VARCHAR(20)	VARCHAR(10)
1	10100101	张红	女	10	1001
2	10100102	张蒙	女	10	1001
3	10100103	刘刘	男	10	1001
4	10100104	五行	男	10	1001
5	10100105	刘天	男	10	1001
6	10100201	张来	女	10	1002
7	10100202	张天	女	10	1002
8	10100203	刘欢	男	10	1002
9	10100204	王青	男	10	1002
10	10100205	李灵	女	10	1002
11	10100301	吴铭	女	10	1003
12	10100302	好铭	女	10	1003
13	10100303	王天铭	男	10	1003
14	10100304	柳任	男	10	1003
15	10100305	彭波	女	10	1003
16	10100401	王严	女	10	1004
17	10100402	刘董	女	10	1004
18	10100403	田华	男	10	1004
19	10100404	彭全	男	10	1004
20	10100405	张角	女	10	1004
21	11110101	刘明华	女	11	1101
22	11110102	王永	男	11	1101
23	11110103	刘天杨	男	11	1101
24	11110104	吴号	男	11	1101
25	11110105	刘蒙	男	11	1101
26	11110201	田甜	女	11	1102
27	11110202	田明	女	11	1102
28	11110203	王也	男	11	1102
29	11110204	王华	男	11	1102

60行, 0.001秒

图 4.3　STUDENT 表数据

| ID | COU_NO | COU_NAME | COU_NUM | COU_TERM | COU_PLACE | DEPT_NO |
INT	VARCHAR(15)	VARCHAR(20)	INT	VARCHAR(20)	VARCHAR(20)	VARCHAR(20)
1	1020220101	Java 程序设计	56	2022-2023-1	T401	10
2	1020220102	Python 程序设计	64	2022-2023-1	T402	10
3	1020220203	Linux操作系统	52	2022-2023-2	T403	10
4	1020220204	Java Web	44	2022-2023-2	T404	10
5	1120220101	自动控制技术	66	2022-2023-1	T405	11
6	1120220102	CAD技术	34	2022-2023-1	T406	11
7	1120220203	PLC技术	46	2022-2023-2	T407	11
8	1120220204	工业技术	66	2022-2023-2	T408	11
9	1220220101	通信技术	56	2022-2023-1	T401	12
10	1220220202	6G技术	56	2022-2023-2	T402	12
11	1320220101	物流技术	52	2022-2023-1	T403	13
12	1320220202	物流管理	34	2022-2023-2	T404	13
13	1420220101	视觉技术	44	2022-2023-1	T403	14
14	1420220202	人工智能技术	88	2022-2023-2	T404	14

图 4.4　COURSE 表数据

（3）教师表（TEACHER）数据导入。

insert into edu_user.teacher(id,tea_no,tea_name,tea_gender,tea_pro,dept_no) values
(1,'1001','李宏','男','教授','10'),(2,'1002','李伟','男','副教授','10'),
(3,'1003','王青青','女','讲师','10'),(4,'1004','刘明华','男','教授','10'),
(5,'1101','李宏','女','副教授','11'),(6,'1102','宋辞','女','副教授','11'),
(7,'1103','张灵','女','讲师','11'),(8,'1104','刘山','男','教授','11'),
(9,'1201','金军','男','讲师','12'),(10,'1202','王充','男','教授','12'),
(11,'1301','张明','男','副教授','13'),(12,'1302','王青杨','男','教授','13'),
(13,'1401','柳铭','男','副教授','14'),(14,'1402','孙五','男','教授','14');

查看 TEACHER 表：

select * from edu_user.teacher;

结果如图 4.5 所示。

	ID INT	TEA_NO VARCHAR(15)	TEA_NAME VARCHAR(10)	TEA_GENDER VARCHAR(2)	TEA_PRO VARCHAR(10)	DEPT_NO VARCHAR(20)
1	1	1001	李宏	男	教授	10
2	2	1002	李伟	男	副教授	10
3	3	1003	王青青	女	讲师	10
4	4	1004	刘明华	男	教授	10
5	5	1101	李宏	女	副教授	11
6	6	1102	宋辞	女	副教授	11
7	7	1103	张灵	女	讲师	11
8	8	1104	刘山	男	教授	11
9	9	1201	金军	男	讲师	12
10	10	1202	王充	男	教授	12
11	11	1301	张明	男	副教授	13
12	12	1302	王青杨	男	教授	13
13	13	1401	柳铭	男	副教授	14
14	14	1402	孙五	男	教授	14

图 4.5 TEACHER 表数据

（4）班级表（CLASS）数据导入。

insert into edu_user.class(id,class_no,class_name,class_teacher,class_num,dept_no)
values(1,'1001','网络技术 2201','李杰',40,'10'),
(2,'1002','网络技术 2202','李杰',44,'10'),
(3,'1003','软件技术 2201','王锐',42,'10'),
(4,'1004','多媒体技术 2201','刘新',43,'10'),
(5,'1101','机电 2201','刘源',47,'11'),
(6,'1102','机电 2202','马军',42,'11'),
(7,'1103','自动控制 2201','刘董',42,'11'),
(8,'1104','自动控制 2202','王铭',43,'11'),
(9,'1201','通信 2201','王欣',42,'12'),
(10,'1202','通信 2202','田文',44,'12'),
(11,'1301','运输 2201','陈铭',41,'13'),
(12,'1401','智能 2201','张宏',44,'14');

查看 CLASS 表：

select * from edu_user.class;

结果如图 4.6 所示。

	ID INT	CLASS_NO VARCHAR(20)	CLASS_NAME VARCHAR(20)	CLASS_TEACHER VARCHAR(10)	CLASS_NUM INT	DEPT_NO VARCHAR(20)
1	1	1001	网络技术2201	李杰	40	10
2	2	1002	网络技术2202	李杰	44	10
3	3	1003	软件技术2201	王锐	42	10
4	4	1004	多媒体技术2201	刘新	43	10
5	5	1101	机电2201	刘源	47	11
6	6	1102	机电2202	马军	42	11
7	7	1103	自动控制2201	刘董	42	11
8	8	1104	自动控制2202	王铭	43	11
9	9	1201	通信2201	王欣	42	12
10	10	1202	通信2202	田文	44	12
11	11	1301	运输2201	陈铭	41	13
12	12	1401	智能2201	张宏	44	14

图 4.6 CLASS 表数据

（5）部门表（DEPARTMENT）数据导入。

```
insert into edu_user.department(id,dept_no,dept_name,dean) values
(1,'10','信息工程系','张青'),
(2,'11','机电工程系','吕蒙'),
(3,'12','通信工程系','王然'),
(4,'13','运输工程系','李华'),
(5,'14','人工智能系','刘馨');
```

查看 DEPARTMENT 表：

```
select * from edu_user.department;
```

结果如图 4.7 所示。

	ID INT	DEPT_NO VARCHAR(20)	DEPT_NAME VARCHAR(20)	DEAN VARCHAR(10)
1	1	10	信息工程系	张青
2	2	11	机电工程系	吕蒙
3	3	12	通信工程系	王然
4	4	13	运输工程系	李华
5	5	14	人工智能系	刘馨

图 4.7 DEPARTMENT 表数据

（6）教学表（TEACHING）数据导入。

```
insert into edu_user.teaching(id,stu_no,cou_no,tea_no,cou_term,cou_grade) values
(1,'10100101','1020220101','1001','2022-2023-1',60),
(2,'10100102','1020220101','1001','2022-2023-1',88),
(3,'10100103','1020220101','1001','2022-2023-1',40),
(4,'10100104','1020220101','1001','2022-2023-1',78),
(5,'10100105','1020220101','1001','2022-2023-1',99),
(6,'10100101','1020220102','1002','2022-2023-1',78),
(7,'10100102','1020220102','1002','2022-2023-1',94),
(8,'10100103','1020220102','1002','2022-2023-1',89),
(9,'10100104','1020220102','1002','2022-2023-1',80),
(10,'10100105','1020220102','1002','2022-2023-1',55),
(11,'10100101','1020220203','1003','2022-2023-2',60),
(12,'10100102','1020220203','1003','2022-2023-2',88),
(13,'10100103','1020220203','1003','2022-2023-2',40),
```

```
(14,'10100104','1020220203','1003','2022-2023-2',36),
(15,'10100105','1020220203','1003','2022-2023-2',67),
(16,'10100101','1020220204','1004','2022-2023-2',45),
(17,'10100102','1020220204','1004','2022-2023-2',88),
(18,'10100103','1020220204','1004','2022-2023-2',67),
(19,'10100104','1020220204','1004','2022-2023-2',66),
(20,'10100105','1020220204','1004','2022-2023-2',88);
```

查看 TEACHING 表：

```
select * from edu_user.teaching;
```

结果如图 4.8 所示。

消息 | 结果集

	ID INT	STU_NO VARCHAR(15)	COU_NO VARCHAR(15)	TEA_NO VARCHAR(15)	COU_TERM VARCHAR(20)	COU_GRADE DECIMAL(2, 0)
1	1	10100101	1020220101	1001	2022-2023-1	60
2	2	10100102	1020220101	1001	2022-2023-1	88
3	3	10100103	1020220101	1001	2022-2023-1	40
4	4	10100104	1020220101	1001	2022-2023-1	78
5	5	10100105	1020220101	1001	2022-2023-1	99
6	6	10100101	1020220102	1002	2022-2023-1	78
7	7	10100102	1020220102	1002	2022-2023-1	94
8	8	10100103	1020220102	1002	2022-2023-1	89
9	9	10100104	1020220102	1002	2022-2023-1	80
10	10	10100105	1020220102	1002	2022-2023-1	55
11	11	10100101	1020220203	1003	2022-2023-2	60
12	12	10100102	1020220203	1003	2022-2023-2	88
13	13	10100103	1020220203	1003	2022-2023-2	40
14	14	10100104	1020220203	1003	2022-2023-2	36
15	15	10100105	1020220203	1003	2022-2023-2	67
16	16	10100101	1020220204	1004	2022-2023-2	45
17	17	10100102	1020220204	1004	2022-2023-2	88
18	18	10100103	1020220204	1004	2022-2023-2	67
19	19	10100104	1020220204	1004	2022-2023-2	66
20	20	10100105	1020220204	1004	2022-2023-2	88

图 4.8　TEACHING 表数据

（7）用户表（USERS）数据导入。

```
insert into edu_user.users(id,user_no,user_pwd,user_permission) values
(1,'admin','ABCD1234',1),
(2,'user1','ABCD1234',2),
(3,'user2','ABCD1234',2);
```

查看 USERS 表：

```
select * from edu_user.users;
```

结果如图 4.9 所示。

消息 | 结果集

	ID INT	USER_NO VARCHAR(20)	USER_PWD VARCHAR(20)	USER_PERMISSION INT
1	1	admin	ABCD1234	1
2	2	user1	ABCD1234	2
3	3	user2	ABCD1234	2

图 4.9　USERS 表数据

2. 单条基本数据录入

【子任务 4-2】由于工作需要，学校决定在教务管理系统中增加一名管理员到用户（USERS）表中，该用户序号为 4，初始账号为 edu1，密码为 Aa123456，管理权限编号为 2。

插入：

insert into edu_user.users values(4,'edu1','Aa123456',2);

查看：

select * from edu_user.users;

结果如图 4.10 所示。

ID	USER_NO	USER_PWD	USER_PERMISSION
INT	VARCHAR(20)	VARCHAR(20)	INT
1	admin	ABCD1234	1
2	user1	ABCD1234	2
3	user2	ABCD1234	2
4	edu1	Aa123456	2

图 4.10 USERS 表插入数据后结果

【子任务 4-3】1201 班的刘梦同学在 2022-2023-1 学期选学了王充老师的物流技术课程，考试成绩为 85 分，现在要把此信息录入教学表 TEACHING。

步骤 1：找到 1201 班刘梦同学的学号为 12120103。

步骤 2：找到物流技术课程的课程编号为 1320220101。

步骤 3：找到老师的教师编号 1202。

插入：

insert into edu_user.teaching(id,stu_no,cou_no,tea_no,cou_term,cou_grade) values(100,'12120103','1320220101','1202','2022-2023-1',85);

查看：

select * from edu_user.teaching;

结果如图 4.11 所示。

ID	STU_NO	COU_NO	TEA_NO	COU_TERM	COU_GRADE
INT	VARCHAR(15)	VARCHAR(15)	VARCHAR(15)	VARCHAR(20)	DECIMAL(2, 0)
4	10100104	1020220101	1001	2022-2023-1	78
5	10100105	1020220101	1001	2022-2023-1	99
6	10100101	1020220102	1002	2022-2023-1	78
7	10100102	1020220102	1002	2022-2023-1	94
8	10100103	1020220102	1002	2022-2023-1	89
9	10100104	1020220102	1002	2022-2023-1	80
10	10100105	1020220102	1002	2022-2023-1	55
11	10100101	1020220203	1003	2022-2023-2	60
12	10100102	1020220203	1003	2022-2023-2	88
13	10100103	1020220203	1003	2022-2023-2	40
14	10100104	1020220203	1003	2022-2023-2	36
15	10100105	1020220203	1003	2022-2023-2	67
16	10100101	1020220204	1004	2022-2023-2	45
17	10100102	1020220204	1004	2022-2023-2	88
18	10100103	1020220204	1004	2022-2023-2	67
19	10100104	1020220204	1004	2022-2023-2	66
20	10100105	1020220204	1004	2022-2023-2	88
100	12120103	1320220101	1202	2022-2023-1	85

图 4.11 TEACHING 表插入数据后结果

3. 单条不完整数据录入

【子任务 4-4】一名退伍军人现在返校学习，但是还没想好选择哪个专业，所以无法确定班级，此时只能录入该名学生的 ID、学号、姓名和性别。该学生 ID 为 61，学号为 15034421，姓名为宋报国，性别为男。

插入：

insert into edu_user.student(id,stu_no,stu_name,stu_gender)
values(61,'15034421','宋报国','男');

查看：

select * from edu_user.student;

结果如图 4.12 所示。

图 4.12　STUDENT 表插入数据后结果

任务小结

新增数据就是在数据表中插入数据。一般分为三种情况，单行插入，表示有一个新数据产生，比如有一名新同学来报到，需要在学生基本信息表中录入这一条新数据；卖出一件新商品，需要在产品销售记录表中录入这条新数据；刚发布一条新闻，需要在新闻信息表中录入这条新闻数据。多行插入，表示同时向表中录入多条信息，一般用在数据导入或数据迁移，比如由于两个部门合并，需要把其中一个部门的所有员工信息导入到另一个部门；由于项目升级，需要把现有数据迁移到其他数据库或表。选择性新增，表示只插入部分数据的情况，比如业务员在外面成交一笔订单，但是由于最终成交价只有业务员知道，在没有联系上该业务员时，这笔业务数据的录入就要忽略成交价，选择空着不填。

新增数据在数据库操作中非常常见，所以熟练掌握数据新增的 SQL 语句非常重要。

（1）新增单行数据。

insert into 表名 values(值 1,值 2,...);

（2）新增多行数据。

insert into 表名 values(值 1,值 2,...),(值 1,值 2,...),...;

（3）选择性新增数据。

insert into 表名(字段名 1,字段名 2,...) values(值 1,值 2,...);

任务 4.2　更新教务信息

任务描述

教务管理系统在日常运行过程中会有数据发生变化，此时就需要对原有数据进行更新操作，以保证数据的实时性和准确性。比如：考试结束，当老师录入成绩后，数据表中的成绩数据就应该发生相应变化；有同学转专业成功之后，在学生表中就应该更新其专业和班级等信息。本次任务就是要解决教务管理系统日常运行过程中遇到的数据更新问题。

知识准备

1. 更新表中所有记录

在达梦数据库的日常操作中，有时需要对数据表中的所有数据进行更新。比如：某学院由于发展升格为本科大学，那么学生表中，所有记录的所属院校列都需要更新。

数据更新的 SQL 命令格式如下：

update <表名> set <字段名 1>=<值 1>[,<字段名 2>=<值 2>,...];

语法说明如下：

- update：数据更新关键字。
- set：设置键值对。
- < >：在实际应用中，尖括号里的内容是需要替换的。
- [ ]：在实际应用中，方括号里的内容是可以省略的。
- 表名：被更新的表名称。
- 字段名 1、字段名 2：被更新的表中的字段名称。
- 值 1、值 2：要更新到表中的新数据。
- ...：表示省略，需要根据实际情况书写。

示例：公司运营良好，效益显著提升，经领导层集体会议决定，为每名员工加薪，加薪幅度为 10%。（以 EMPLOYEE 表为例。）

更新：

update dmhr.employee set salary = salary*1.1;

查看：

select * dmhr.employee;

结果对比如图 4.13 和图 4.14 所示。

	EMPLOYEE_ID INT	EMPLOYEE_NAME VARCHAR(20)	SALARY INT
1	1001	马学铭	31500
2	1002	程擎武	9000
3	1003	郑吉群	15000
4	1004	陈仙	12000
5	1005	金纬	10000
6	2001	李慧军	10000
7	2002	常鹏程	5000
8	2004	谢俊人	5000
9	3001	苏国华	30000
10	3002	强洁方	10000

图 4.13　更新前的员工薪资

单元 4　教务管理系统的数据操作

	EMPLOYEE_ID INT	EMPLOYEE_NAME VARCHAR(20)	SALARY INT
1	1001	马学铭	34650
2	1002	程擎武	9900
3	1003	郑吉群	16500
4	1004	陈仙	13200
5	1005	金纬	11000
6	2001	李慧军	11000
7	2002	常鹏程	5500
8	2004	谢俊人	5500
9	3001	苏国华	33000
10	3002	强洁芳	11000

图 4.14　更新后的员工薪资

2. 更新表中满足条件的记录

日常应用中，我们所要更新的数据往往需要满足一定的条件，比如：把奖励给考试分数在 90 分以上的同学；把《钢铁是怎样炼成的》这本书的还书时间更新成今天；把银色汽车的库存量减少 1 台等。

更新满足条件数据的 SQL 命令格式如下：

update <表名> set <字段名 1>=<值 1>[,<字段名 2>=<值 2>,...] where <筛选条件>;

语法说明：

- 筛选条件：是指对表中所有记录进行过滤的条件。包括比较、区间、包含等关系。

示例：由于工作业绩突出，现决定把编号为 1004 员工的薪资增加 500 元。（以 EMPLOYEE 表为例。）

更新：

update dmhr.employee set salary = salary + 500 where employee_id = '1004';

查看：

select employee_id,employee_name,salary from dmhr.employee;

结果如图 4.15 所示。

	EMPLOYEE_ID INT	EMPLOYEE_NAME VARCHAR(20)	SALARY INT
1	1001	马学铭	34650
2	1002	程擎武	9900
3	1003	郑吉群	16500
4	1004	陈仙	13700
5	1005	金纬	11000
6	2001	李慧军	11000
7	2002	常鹏程	5500
8	2004	谢俊人	5500
9	3001	苏国华	33000
10	3002	强洁芳	11000

图 4.15　增加 500 元后的薪资

示例：公司股东大会通过了最新的员工薪资决议，决议中要求把薪资在 5000～10000 元之间的员工薪资整体上调，上调幅度为 12%。

更新：

update dmhr.employee set salary = salary*1.12
where salary >= 5000 and salary <= 10000;

查看：

select employee_id,employee_name,salary from dmhr.employee;

结果如图 4.16 所示。

	EMPLOYEE_ID INT	EMPLOYEE_NAME VARCHAR(20)	SALARY INT
1	1001	马学铭	34650
2	1002	程擎武	11088
3	1003	郑吉群	16500
4	1004	陈仙	13700
5	1005	金纬	11000
6	2001	李慧军	11000
7	2002	常鹏程	6160
8	2004	谢俊人	6160
9	3001	苏国华	33000
10	3002	强洁芳	11000

图 4.16　调薪之后的结果

示例：由于公司业务合并，需要将现有部门进行整合，决定撤销编号为 201、202、204 的部门，把这几个部门的员工都整合到 103 号部门。（以 EMPLOYEE 表中前 10 条记录为例。）

分析：把撤销部门员工整合到 103 号部门，实质上就是把 EMPLOYEE 表中撤销部门的员工所属部门编号更新为 103。

更新：

update dmhr.employee set department_id = '103'
where department_id in('201','202','204');

查看：

select employee_id,employee_name,salary,department_id from dmhr.employee;

结果对比如图 4.17 和图 4.18 所示。

	EMPLOYEE_ID INT	EMPLOYEE_NAME VARCHAR(20)	SALARY INT	DEPARTMENT_ID INT
1	1001	马学铭	31500	101
2	1002	程擎武	9000	102
3	1003	郑吉群	15000	103
4	1004	陈仙	12000	104
5	1005	金纬	10000	105
6	2001	李慧军	10000	201
7	2002	常鹏程	5000	202
8	2004	谢俊人	5000	204
9	3001	苏国华	30000	301
10	3002	强洁芳	10000	302

图 4.17　部门整合前信息

	EMPLOYEE_ID INT	EMPLOYEE_NAME VARCHAR(20)	SALARY INT	DEPARTMENT_ID INT
1	1001	马学铭	31500	101
2	1002	程擎武	9000	102
3	1003	郑吉群	15000	103
4	1004	陈仙	12000	104
5	1005	金纬	10000	105
6	2001	李慧军	10000	103
7	2002	常鹏程	5000	103
8	2004	谢俊人	5000	103
9	3001	苏国华	30000	301
10	3002	强洁芳	10000	302

图 4.18　部门整合后信息

任务实施

1. 更新数据表中所有数据

使用达梦数据库管理工具创建表。

【子任务 4-5】教务管理系统在发布上线之前，需要进行严格测试，测试过程中会改变基础数据，在测试结束时需要恢复基础数据，现在要求把用户表（USERS）中所有用户的密码重置成 Aa123456。

更新：

update edu_user.users set user_pwd = 'Aa123456';

查看：

select * from edu_user.users;

结果如图 4.19 所示。

ID	USER_NO	USER_PWD	USER_PERMISSION
INT	VARCHAR(20)	VARCHAR(20)	INT
1	admin	Aa123456	1
2	user1	Aa123456	2
3	user2	Aa123456	2
4	edu1	Aa123456	2

图 4.19　重置密码后的结果

2. 更新数据表中符合筛选条件的数据

【子任务 4-6】2022-2023-2 学期所有专业课要求最少为 50 学时，即学时少于 50 的都按 50 开设，所以要对课程表（COURSE）进行更新操作。

分析：被更新的记录要满足 2 个条件，一是开课学期为 2022-2023-2，二是学时小于 50。

更新：

update edu_user.course set cou_num = 50
where cou_term='2022-2023-2' and cou_num < 50;

查看：

select * from edu_user.course;

结果如图 4.20 所示。

ID	COU_NO	COU_NAME	COU_NUM	COU_TERM	COU_PLACE	DEPT_NO
INT	VARCHAR(15)	VARCHAR(20)	INT	VARCHAR(20)	VARCHAR(20)	VARCHAR(20)
1	1020220101	Java 程序设计	56	2022-2023-1	T401	10
2	1020220102	Python 程序设计	64	2022-2023-1	T402	10
3	1020220203	Linux操作系统	52	2022-2023-2	T403	10
4	1020220204	Java Web	50	2022-2023-2	T404	10
5	1120220101	自动控制技术	66	2022-2023-1	T405	11
6	1120220102	CAD技术	34	2022-2023-1	T406	11
7	1120220203	PLC技术	50	2022-2023-2	T407	11
8	1120220204	工业技术	66	2022-2023-2	T408	11
9	1220220101	通信技术	56	2022-2023-1	T401	12
10	1220220102	6G技术	56	2022-2023-2	T402	12
11	1320220101	物流技术	52	2022-2023-1	T403	13
12	1320220102	物流管理	50	2022-2023-2	T404	13
13	1420220101	视觉技术	44	2022-2023-1	T404	14
14	1420220202	人工智能技术	88	2022-2023-2	T404	14

图 4.20　COURSE 表更新后的结果

【子任务 4-7】由于张灵老师为学校发展作出巨大贡献，学校决定把其职称破格升为教授，同时调入编号为 10 号的部门，参与完成攻坚项目。现要求在教师表（TEACHER）中更新信息。

更新：

update edu_user.teacher set tea_pro='教授',dept_no='10' where tea_name='张灵';

查看：

select * from edu_user.teacher;

结果如图 4.21 所示。

ID INT	TEA_NO VARCHAR(15)	TEA_NAME VARCHAR(10)	TEA_GENDER VARCHAR(2)	TEA_PRO VARCHAR(10)	DEPT_NO VARCHAR(20)
1	1001	李宏	男	教授	10
2	1002	李伟	男	副教授	10
3	1003	王青青	女	讲师	10
4	1004	刘明华	男	教授	10
5	1101	李宏	女	副教授	11
6	1102	宋辞	女	副教授	11
7	1103	张灵	女	教授	10
8	1104	刘山	男	教授	11
9	1201	金军	男	讲师	12
10	1202	王充	男	教授	12
11	1301	张明	男	副教授	13
12	1302	王青杨	男	教授	13
13	1401	柳铭	男	副教授	14
14	1402	孙五	男	教授	14

图 4.21　TEACHER 表更新后的结果

任务小结

通过解决实际问题，更加深刻地掌握了数据更新 SQL 命令的语法及使用。数据更新一般分为两种情况，一种是更新表中所有数据，另一种是更新符合条件的数据。两种情况差在过滤条件，语法差在 where 语句。

（1）更新所有数据。

update　表名　set　字段名=新值;

（2）更新符合条件的数据。

update　表名　set　字段名=新值　where　过滤条件;

说明：

（1）更新几个字段，就写几对"字段名=新值"。

（2）过滤条件包括比较、区间、包含等。

任务 4.3　删除教务信息

任务描述

教务管理系统在日常运行过程中会产生过期数据或无效数据，此时就需要对这些数据进行删除操作，以保证数据的实时性和准确性。比如：已经毕业多年的学生和退休多年的老师；经过工作调转，已经不属于教务部门的人员账号；由于各个部门缺少沟通，导致录入重复数据的情况；等等，都需要进行删除操作。本次任务就是要解决教务管理系统日常运行过程中遇到的数据删除问题。

知识准备

删除数据的 SQL 命令格式如下：

delete from <表名> [where 筛选条件];

语法说明如下：

- delete：删除关键字。
- from：从哪个表删除。
- < >：在实际应用中，尖括号里的内容是需要替换的。
- [ ]：在实际应用中，方括号里的内容是可以省略的。
- 表名：被更新的表的名称。
- where：引出筛选条件。
- 筛选条件：指对表中所有数据进行条件过滤。

注意：

- 确保操作的准确性和安全性，避免误删重要数据。
- 在执行删除操作前，最好先备份相关数据。
- 对于删除所有记录的操作，特别是当表中包含重要数据时，必须格外小心，以免造成不可挽回的损失。

示例：由于工作出现重大失误，无法挽回，经公司上层会议决定开除编号为 1005 的员工，请人事部门将其信息从员工表中删除。（以 EMPLOYEE 表为例。）

删除：

delete from dmhr.employee where employee_id = '1005';

查看：

select * from dmhr.employee;

结果对比如图 4.22 和图 4.23 所示。

	EMPLOYEE_ID INT	EMPLOYEE_NAME VARCHAR(20)	SALARY INT
1	1001	马学铭	31500
2	1002	程擎武	9000
3	1003	郑古群	15000
4	1004	陈仙	12000
5	1005	金纬	10000
6	2001	李慧军	10000
7	2002	常鹏程	5000
8	2004	谢俊人	5000
9	3001	苏国华	30000
10	3002	强洁芳	10000

图 4.22　删除前的员工信息

	EMPLOYEE_ID INT	EMPLOYEE_NAME VARCHAR(20)	SALARY INT
1	1001	马学铭	34650
2	1002	程擎武	11088
3	1003	郑吉群	16500
4	1004	陈仙	13700
5	2001	李慧军	11000
6	2002	常鹏程	6160
7	2004	谢俊人	6160
8	3001	苏国华	33000
9	3002	强洁芳	11000
10	3003	杨亮亮	19800

图 4.23　删除后的员工信息

示例：由于缺少沟通或工作疏忽，同一表中录入多条重复数据，现在要把重复数据删除。（以 TEST 表为例。）

创建示例表 TEST：

create table dmhr.test(id int,name varchar(10),age int,class varchar(20),department varchar(20));

添加基础数据：

insert into dmhr.test values
(1,'张丽丽',20,'软件 2301','信息技术'),
(2,'王春妮',19,'软件 2301','信息技术'),
(3,'张丽丽',20,'软件 2301','信息技术'),
(4,'赵大江',21,'软件 2301','信息技术'),
(5,'尚云峰',20,'软件 2301','信息技术');

结果如图 4.24 所示。

	ID INT	NAME VARCHAR(10)	AGE INT	CLASS VARCHAR(20)	DEPARTMENT VARCHAR(20)
1	1	张丽丽	20	软件2301	信息技术
2	2	王春妮	19	软件2301	信息技术
3	3	张丽丽	20	软件2301	信息技术
4	4	赵大江	21	软件2301	信息技术
5	5	尚云峰	20	软件2301	信息技术

图 4.24　test 表初始数据

步骤 1：分组查找重复数据。

select name,count(*) from dmhr.test group by name having count(*) > 1;

分组结果如图 4.25 所示。

	NAME VARCHAR(10)	COUNT(*) BIGINT
1	张丽丽	2

图 4.25　重复数据

步骤 2：删除重复数据。

select max(id) from dmhr.test where name='张丽丽';
delete from dmhr.test where id=3;
select * from dmhr.test;

结果如图 4.26 所示。

图 4.26 删除重复数据后的结果

示例：由于工作结束，测试数据需要清空，现在需要删除表中所有数据。（以 TEST 表为例。）

delete from dmhr.test;

任务实施

【子任务 4-8】 教学表（TEACHING）的初始状态应为空，所以需要删除 TEACHING 表中所有数据。

删除：

delete from edu_user.teaching;

查看：

select * from edu_user.teaching;

【子任务 4-9】 为保证数据的完整性和准确性，现在要将学生表（STUDENT）中不完整的数据删除。

删除：

delete from edu_user.student
where stu_no is null or stu_name is null or stu_gender is null or dept_no is null or class_no is null;

查看：

select * from edu_user.student;

结果如图 4.27 所示。

图 4.27 删除不完整数据

【子任务 4-10】 为保证教学质量，编号 11 的部门决定取消开设学时少于 40 的课程。

删除：

delete from edu_user.course where cou_num < 40 and dept_no = '11';

查看：

select * from edu_user.course;

结果如图 4.28 所示。

ID INT	COU_NO VARCHAR(15)	COU_NAME VARCHAR(20)	COU_NUM INT	COU_TERM VARCHAR(20)	COU_PLACE VARCHAR(20)	DEPT_NO VARCHAR(20)
1	1020220101	Java 程序设计	56	2022-2023-1	T401	10
2	1020220102	Python 程序设计	64	2022-2023-1	T402	10
3	1020220203	Linux操作系统	52	2022-2023-2	T403	10
4	1020220204	Java Web	50	2022-2023-2	T404	10
5	1120220101	自动控制技术	66	2022-2023-1	T405	11
7	1120220203	PLC技术	50	2022-2023-2	T407	11
8	1120220204	工业技术	66	2022-2023-2	T408	11
9	1220220101	通信技术	56	2022-2023-1	T401	12
10	1220220202	6G技术	56	2022-2023-2	T402	12
11	1320220101	物流技术	52	2022-2023-1	T403	13
12	1320220202	物流管理	50	2022-2023-2	T404	13
13	1420220101	视觉技术	44	2022-2023-1	T403	14
14	1420220202	人工智能技术	88	2022-2023-2	T404	14

图 4.28　删除课程后的表数据

【**子任务 4-11**】由于工作需要，编号为 1001 的李宏老师和编号为 1004 的刘明华老师需调整岗位，不再从事教学工作，现需从教师表（TEACHER）中删除。

删除：

delete from edu_user.teacher where tea_no in ('1001', '1004');

查看：

select * from edu_user.teacher;

结果如图 4.29 所示。

ID INT	TEA_NO VARCHAR(15)	TEA_NAME VARCHAR(10)	TEA_GENDER VARCHAR(2)	TEA_PRO VARCHAR(10)	DEPT_NO VARCHAR(20)
2	1002	李伟	男	副教授	10
3	1003	王青青	女	讲师	10
5	1101	李宏	女	副教授	11
6	1102	宋辞	女	副教授	11
7	1103	张灵	女	教授	10
8	1104	刘山	男	教授	11
9	1201	金军	男	讲师	12
10	1202	王充	男	教授	12
11	1301	张明	男	副教授	13
12	1302	王青杨	男	教授	13
13	1401	柳铭	男	副教授	14
14	1402	孙五	男	教授	14

图 4.29　删除两位老师后的表数据

任务小结

删除数据一般都是清除数据表中过期或无用数据。在执行删除操作时，一定要格外谨慎，避免误操作。

在删除数据前最好把数据做一个备份，注意删除数据时系统给出的提示，想好之后再单击"确定"按钮。

删除数据 SQL 命令：

delete from 表名 where 筛选条件;

说明：筛选条件是对数据的过滤，包括比较、区间、包含等条件。

习 题 4

1. 新增数据关键字为_____，更新数据关键字为_____，删除数据关键字为_____，条件筛选关键字为_____。
2. 新增数据基本语法结构是什么？
3. 更新数据基本语法结构是什么？
4. 删除数据基本语法结构是什么？
5. 条件筛选都包括哪些形式？

单元 5　教务管理数据的基本查询

单元导读

成功搭建了达梦数据库开发环境，并为教务管理系统数据库添加了相关数据，为后续的查询管理做好了准备。查询数据库中的记录有多种方式，可以查询所有的数据，也可以根据自己的需要进行查询，可以从一个表/视图中进行查询，也可以从多个表/视图进行查询。本单元将详细介绍数据库的单表查询操作。通过教学，培养学生分析和解决问题的能力，培养学生追求完美效果的思想和全心全意为用户服务的意识。

品德塑造

通过演示 select 语句的编写与优化，强调数据检索不仅是技术行为，更需遵循伦理边界，例如通过权限管理限制敏感字段的暴露，体现《中华人民共和国个人信息保护法》中的最小必要原则，培养学生对数据隐私的敬畏之心。在连接查询等环节，引导学生思考技术工具如何服务于社会正义，诠释"数据即真相"的理念，倡导通过规范查询避免断章取义或算法偏见对公共决策的干扰。最终将查询逻辑的严谨性与信息传播的客观性相联结，塑造学生"用技术传递真实，以数据守护公信"的职业价值观。

单元目标

知识目标
- 掌握使用基本 SQL 语句和达梦数据库管理工具查询数据的操作。
- 掌握使用 SQL 语句进行数据检索、过滤、排序等操作。
- 掌握基本的函数查询。

能力目标
- 能运用 SQL 语句完成基本查询操作。
- 能根据用户需要，完成数据的单表查询。

素养目标
- 培养完美主义思想和服务意识。
- 强化代码编写规范和创新意识。

任务 5.1　教务管理系统数据库中数据的单表查询

任务描述

教务管理系统在日常运行时，需要查询各种各样的数据，比如查询学生信息、课程信息、分数信息等，本次任务将通过多个子任务来解决项目在实际运行时遇到的查询问题。

知识准备

数据库查询是指数据库管理系统按照用户指定的条件，从数据库相关表中找到满足条件的记录的过程。

select 语句仅从一个表/视图中检索数据，称为单表查询，其语法格式如下：

```
select <选择列表> from [<模式名>.]<基表名>|<视图名>[<相关名>]
[<where 子句>]
[<connect by 子句>]
[<group by 子句>]
[<having 子句>]
[order by 子句];
```

语法说明如下：

- <where 子句>：设置对于行的查询条件，结果仅显示满足查询条件的数据内容。
- <connect by 子句>：层次查询，适用于具有层次结构的自相关数据表查询，即在一张表中，有一个字段是另一个字段的外键。
- <group by 子句>：将<where>子句返回的临时结果重新编组，结果是行的集合，一组内一个分组列的所有值都是相同的。
- <having 子句>：为分组后的结果设置检索条件。
- <order by 子句>：指定查询结果的排序条件，即以指定的一个字段或多个字段的数据值排序，根据条件可指定升序或降序，升序用 asc 表示，降序用 desc 表示，默认为升序。

任务实施

1. 简单查询

简单查询就是用 select 语句把一个表中的数据存储到一个结果集中，其基本语法格式如下：

```
select <选择列表> from [<模式名>.]<基表名>|[<相关名>];
```

或者

```
select * from [<模式名>.]<基表名>|<视图名>[<相关名>];
```

语法说明如下：

- <选择列表>：选取要查询的列名。
- *：选取所有列的快捷方式，此时列的显示顺序与数据表设计时列的顺序保持一致。
- 用户在查询时可以根据应用的需要改变列的显示顺序。

【子任务 5-1】从教务管理系统的学生表（STUDENT）中查询所有学生的姓名（STU_NAME）、性别（STU_GENDER）、班级编号（CLASS_NO）数据，查询语句为

```
select stu_name,stu_gender,class_no from edu_user.student;
```

如要显示学生表内的所有数据，查询语句为

```
select * from edu_user.student;
```

查询结果如图 5.1、图 5.2 所示。

2. 条件查询

条件查询是指在指定表中查询满足条件的数据。该功能是通过在查询语句中使用 where 子句实现的，其基本语法格式如下：

```
select <选择列表> from   [<模式名>.]<基表名>|<视图名>[<相关名>]
where  子句;
```

语法说明如下：

- where 子句常用的查询条件包括列名、运算符、值。

运算符由谓词和逻辑运算符组成。逻辑运算符有 and、or、not。谓词包括比较谓词（=、<>、>、<、>=、<=)、between 谓词、in 谓词、like 谓词、null 谓词等。条件查询使用见表 5.1。

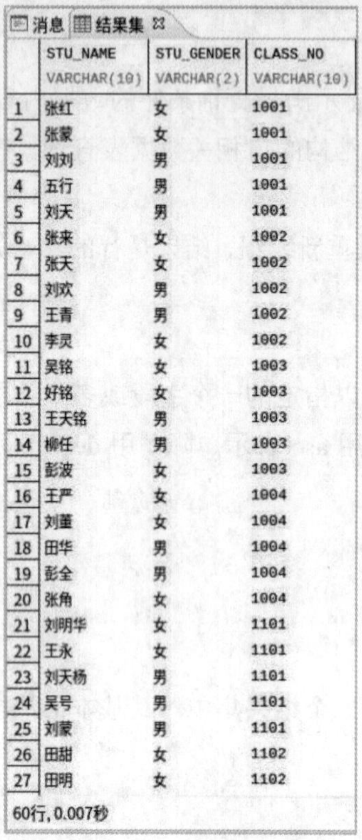

消息 结果集

	STU_NAME VARCHAR(10)	STU_GENDER VARCHAR(2)	CLASS_NO VARCHAR(10)
1	张红	女	1001
2	张蒙	女	1001
3	刘刘	男	1001
4	五行	男	1001
5	刘天	男	1001
6	张来	女	1002
7	张天	女	1002
8	刘欢	男	1002
9	王青	男	1002
10	李灵	女	1002
11	吴铭	女	1003
12	好铭	女	1003
13	王天铭	男	1003
14	柳任	男	1003
15	彭波	女	1003
16	王严	女	1004
17	刘董	女	1004
18	田华	男	1004
19	彭全	男	1004
20	张角	女	1004
21	刘明华	女	1101
22	王永	女	1101
23	刘天杨	男	1101
24	吴号	男	1101
25	刘蒙	男	1101
26	田甜	女	1102
27	田明	女	1102

60行,0.007秒

图 5.1 简单查询部分数据结果集

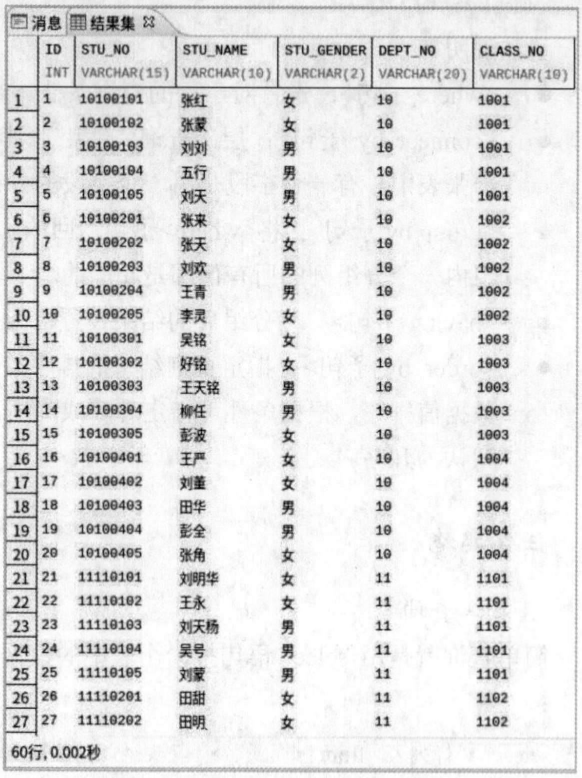

消息 结果集

	ID INT	STU_NO VARCHAR(15)	STU_NAME VARCHAR(10)	STU_GENDER VARCHAR(2)	DEPT_NO VARCHAR(20)	CLASS_NO VARCHAR(10)
1	1	10100101	张红	女	10	1001
2	2	10100102	张蒙	女	10	1001
3	3	10100103	刘刘	男	10	1001
4	4	10100104	五行	男	10	1001
5	5	10100105	刘天	男	10	1001
6	6	10100201	张来	女	10	1002
7	7	10100202	张天	女	10	1002
8	8	10100203	刘欢	男	10	1002
9	9	10100204	王青	男	10	1002
10	10	10100205	李灵	女	10	1002
11	11	10100301	吴铭	女	10	1003
12	12	10100302	好铭	女	10	1003
13	13	10100303	王天铭	男	10	1003
14	14	10100304	柳任	男	10	1003
15	15	10100305	彭波	女	10	1003
16	16	10100401	王严	女	10	1004
17	17	10100402	刘董	女	10	1004
18	18	10100403	田华	男	10	1004
19	19	10100404	彭全	男	10	1004
20	20	10100405	张角	女	10	1004
21	21	11110101	刘明华	女	11	1101
22	22	11110102	王永	女	11	1101
23	23	11110103	刘天杨	男	11	1101
24	24	11110104	吴号	男	11	1101
25	25	11110105	刘蒙	男	11	1101
26	26	11110201	田甜	女	11	1102
27	27	11110202	田明	女	11	1102

60行,0.002秒

图 5.2 简单查询全部数据结果集

表 5.1 条件查询使用

条件类型	运算符	描述
比较	=	等于
	< >	不等于
	>	大于
	<	小于
	>=	大于等于
	<=	小于等于
确定范围	between…and	在某个范围内
	not between…and	不在某个范围内
确定集合	in	在某个集合内
	not in	不在某个集合内

续表

条件类型	运算符	描述
字符匹配	like	与某字符匹配
	not like	与某字符不匹配
空置	is null	是空值
	is not null	不是空值
逻辑运算符	and	两个条件都成立
	or	只要一个条件成立
	not	条件不成立

（1）使用比较谓词的查询。

当使用比较谓词时，数值数据根据它们代表数值的大小进行比较，字符串的比较则按序对同一顺序位置的字符逐一进行比较。若两字符串长度不同，应在短的一方后增加空格，使两字符串长度相同后再进行比较。

【子任务 5-2】从课程表（COURSE）中查询学时数（COU_NUM）高于 50 学时的课程信息，包括课程代码（COU_NO）、课程名称（COU_NAME）、课程学时数（COU_NUM）和学期数（COU_TERM）。

```
select cou_no,cou_name,cou_num,cou_term
from edu_user.course
where cou_num > 50;
```

查询结果如图 5.3 所示。

图 5.3　条件查询部分数据结果集 1

【子任务 5-3】从班级表（CLASS）中查询班级人数（CLASS_NUM）低于 44 人的班级（CLASS_NAME）。

```
select class_name from edu_user.class where class_num < 44;
```

查询结果如图 5.4 所示。

【子任务 5-4】从班级表（CLASS）中查询班级人数（CLASS_NUM）为 42 人的班级（CLASS_NAME）。

```
select class_name from edu_user.class where class_num = 42;
```

查询结果如图 5.5 所示。

图 5.4 条件查询部分数据结果集 2   图 5.5 条件查询部分数据结果集 3

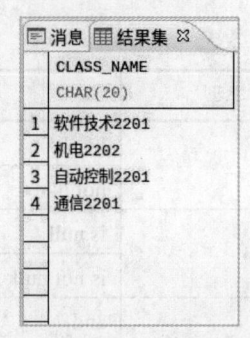

（2）使用 between 谓词的查询。

between 谓词用于确定范围的查询，between... and 和 not between... and 可以用来查找属性值在（或不在）指定范围内的记录，其中，between 后是范围的下限（低值），and 后是范围的上限（高值）。查询结果包含满足低值和高值条件的记录。

【子任务 5-5】从课程表（COURSE）中查询学时数（COU_NUM）范围为 40～60 学时的课程的全部信息。

select * from edu_user.course where cou_num between 40 and 60;

查询结果如图 5.6 所示。

图 5.6 between...and 查询全部数据结果集

【子任务 5-6】从班级表（CLASS）中查询班级人数（CLASS_NUM）范围为 42～45 人的班级（CLASS_NAME）及班主任姓名（CLASS_TEACHER）。

select class_name,class_teacher
from edu_user.class
where class_num
between 42 and 45;

查询结果如图 5.7 所示。

图 5.7 between...and 查询部分数据结果集

（3）使用 in 谓词的查询。

in 谓词用于确定集合的查询，查找属性值属于指定集合的记录。与 in 谓词相对的谓词是 not in，用于查找属性值不属于集合的记录。

【子任务 5-7】从教师表（TEACHER）中查询职称（TEA_PRO）为讲师和副教授的教师的全部信息。

select * from edu_user.teacher where tea_pro in('讲师','副教授');

查询结果如图 5.8 所示。

图 5.8 in 查询全部数据结果集

（4）使用 like 谓词的查询。

like 谓词可用于进行字符串匹配的查询，其语法格式如下：

列名称[not] like 匹配字符串

其含义是查找指定的属性列值与匹配字符串相匹配的记录。

匹配字符串可以是一个完整的字符串，也可以含有通配符%和_。

1）%（百分号）代表任意长度（可以为 0）的任意字符串。例如，a % b 表示以 a 开头、以 b 结尾的任意长度的字符串，如 acb、addgb、ab 等都满足该匹配字符串。

注意：%匹配 0 或多个字符，一般不用左模糊（%放在左边，导致索引失效，降低查询效率）。

2）_（下划线）代表任意单个字符。例如，a_b 表示以 a 开头、以 b 结尾的长度为 3 的任意字符串，如 acb、afb 等都满足该匹配字符串。

【子任务 5-8】从学生表（STUDENT）中查询所有王姓学生的信息。

select * from edu_user.student where stu_name like '王%';

查询结果如图 5.9 所示。

图 5.9 like 查询全部数据结果集

【子任务 5-9】在学生表（STUDENT）中，学号长度为 8。现要查询所有学号（STU_NO）以 101 开头，以 04 为结尾的学生学号（STU_NO）和学生姓名（STU_NAME）。

```
select stu_no,stu_name from edu_user.student where stu_no like '101_ _ _04';
```

查询结果如图 5.10 所示。

STU_NO VARCHAR(15)	STU_NAME VARCHAR(10)
1 10100104	五行
2 10100204	王青
3 10100304	柳任
4 10100404	彭全

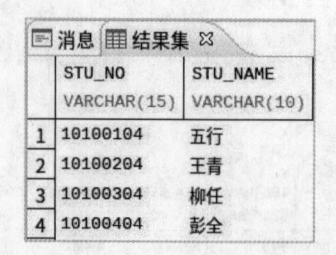

图 5.10 like 查询部分数据结果集

（5）使用 null 谓词的查询。

对于涉及空值的查询用运算符 null 来判断，语法格式如下：

列名称 is [not] null

注意：这里的 is 不能用等号（=）代替。

【子任务 5-10】从教师表（TEACHER）中查询职称（TEA_PRO）为空的教师信息。

```
select * from edu_user.teacher where tea_pro is null;
```

（6）使用逻辑运算符的查询。

在进行条件查询时，可以用逻辑运算符 not 查询不满足条件的结果。若要在条件子语句中把两个或多个条件结合起来，需要用到逻辑运算符 and 和 or。如果第一个条件和第二个条件都成立，则用 and 逻辑运算符连接；如果第一个条件和第二个条件中只要有一个条件成立即可，则用 or 逻辑运算符连接。

【子任务 5-11】从教师表（TEACHER）中查询所在系部为"信息工程系"（DEPT_NO='10'），并且职称（TEA_PRO）为教授的教师工号（TEA_NO）及教师姓名（TEA_NAME）。

```
select tea_no,tea_name
from edu_user.teacher
where dept_no = '10'
and tea_pro = '教授';
```

查询结果如图 5.11 所示。

TEA_NO CHAR(15)	TEA_NAME CHAR(10)
1 1001	李宏
2 1004	刘明华

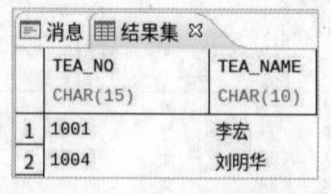

图 5.11 逻辑与部分数据结果集

【子任务 5-12】从课程表（COURSE）中查询机电工程系（DEPT_NO='11'）的所有课程信息或学时数（COU_NUM）大于 60 学时的课程信息。

```
select * from edu_user.course where dept_no = '11' or cou_num > 60;
```

查询结果如图 5.12 所示。

ID	COU_NO	COU_NAME	COU_NUM	COU_TERM	COU_PLACE	DEPT_NO
INT	CHAR(15)	CHAR(20)	INT	CHAR(20)	CHAR(20)	CHAR(20)
1	2	1020220102	Python 程序设计	64	2022-2023-1	T402	10
2	5	1120220101	自动控制技术	66	2022-2023-1	T405	11
3	6	1120220102	CAD技术	34	2022-2023-1	T406	11
4	7	1120220203	PLC技术	46	2022-2023-2	T407	11
5	8	1120220204	工业技术	66	2022-2023-2	T408	11
6	14	1420220202	人工智能技术	88	2022-2023-2	T404	14

图 5.12 逻辑或全部数据结果集

（7）使用列运算查询。

对于数值型的列，SQL 标准提供了几种基本的算术运算符来查询数据。常用的有＋（加）、－（减）、*（乘）、/（除）。

【子任务 5-13】经过转专业考试，需向班级表（CLASS）中的每个班级增加 5 名学生，在不改变原表内数据的情况下，查询增加学生后各班级的信息情况。

```
select ID,class_no,class_name,class_teacher,class_num + 5,dept_no
from edu_user.class;
```

查询结果如图 5.13 所示。

ID	CLASS_NO	CLASS_NAME	CLASS_TEACHER	CLASS_NUM	DEPT_NO
INT	CHAR(20)	CHAR(20)	CHAR(10)	INT	CHAR(20)
1	1	1001	网络技术2201	李杰	40	10
2	2	1002	网络技术2202	李杰	44	10
3	3	1003	软件技术2201	王锐	42	10
4	4	1004	多媒体技术2201	刘新	43	10
5	5	1101	机电2201	刘源	47	11
6	6	1102	机电2202	马军	42	11
7	7	1103	自动控制2201	刘董	42	11
8	8	1104	自动控制2202	王铭	43	11
9	9	1201	通信2201	王欣	42	12
10	10	1202	通信2202	田文	44	12
11	11	1301	运输2201	陈铭	41	13
12	12	1401	智能2201	张宏	44	14

ID	CLASS_NO	CLASS_NAME	CLASS_TEACHER	CLASS_NUM+5	DEPT_NO
INT	CHAR(20)	CHAR(20)	CHAR(10)	INTEGER	CHAR(20)
1	1	1001	网络技术2201	李杰	45	10
2	2	1002	网络技术2202	李杰	49	10
3	3	1003	软件技术2201	王锐	47	10
4	4	1004	多媒体技术2201	刘新	48	10
5	5	1101	机电2201	刘源	52	11
6	6	1102	机电2202	马军	47	11
7	7	1103	自动控制2201	刘董	47	11
8	8	1104	自动控制2202	王铭	48	11
9	9	1201	通信2201	王欣	47	12
10	10	1202	通信2202	田文	49	12
11	11	1301	运输2201	陈铭	46	13
12	12	1401	智能2201	张宏	49	14

图 5.13 列运算查询数据结果集变化图

（8）别名查询。

在 SQL 语句中，可以将表名及列（字段）名指定为别名。其功能一是缩短对象的长度，方便书写；二是区别同名对象，一般用于自连接查询；三是在结果中可以查询对列值计算后的值。

1）列别名。基本语法格式如下：

列名 [as] 新名

【子任务 5-14】从学生表（STUDENT）中查询学生的全部信息。（所有字段以对应的中文名称显示。）

select ID 序号,stu_no 学号,stu_name 姓名,stu_gender 性别,dept_no 专业代码,class_no 班级

from edu_user.student;

查询结果如图 5.14 所示。

序号	学号	姓名	性别	专业代码	班级
INT	VARCHAR(15)	VARCHAR(10)	VARCHAR(2)	VARCHAR(20)	VARCHAR(10)
1	10100101	张红	女	10	1001
2	10100102	张蒙	女	10	1001
3	10100103	刘刘	男	10	1001
4	10100104	五行	男	10	1001
5	10100105	刘天	男	10	1001
6	10100201	张来	女	10	1002
7	10100202	张天	女	10	1002
8	10100203	刘欢	男	10	1002
9	10100204	王青	男	10	1002
10	10100205	李灵	女	10	1002
11	10100301	吴铭	女	10	1003
12	10100302	好铭	女	10	1003
13	10100303	王天铭	男	10	1003
14	10100304	柳任	男	10	1003
15	10100305	彭波	女	10	1003
16	10100401	王严	女	10	1004
17	10100402	刘董	女	10	1004
18	10100403	田华	男	10	1004
19	10100404	彭全	男	10	1004
20	10100405	张角	女	10	1004
21	11110101	刘明华	女	11	1101
22	11110102	王永	女	11	1101
23	11110103	刘天杨	男	11	1101
24	11110104	吴号	男	11	1101
25	11110105	刘蒙	男	11	1101
26	11110201	田甜	女	11	1102
27	11110202	田明	女	11	1102

60行, 0.003秒

图 5.14 列别名查询数据结果集

2）表别名。基本语法格式：

表名 [as] 新表名

当一个表在查询语句中被多次调用时，为了区别不同的调用，通过表别名可使每次调用表使用不同的别名。

【子任务 5-15】从教师表（TEACHER）中查询教师的基本信息（教师表别名为 T）。

select t.id,t.tea_no,t.tea_name,t.tea_gender,t.tea_pro,t.dept_no
from edu_user.teacher t;

查询结果如图 5.15 所示。

ID	TEA_NO	TEA_NAME	TEA_GENDER	TEA_PRO	DEPT_NO
INT	CHAR(15)	CHAR(10)	CHAR(2)	CHAR(10)	CHAR(20)
1	1001	李宏	男	教授	10
2	1002	李伟	男	副教授	10
3	1003	王青青	女	讲师	10
4	1004	刘明华	男	教授	10
5	1101	李宏	女	副教授	11
6	1102	宋辞	女	副教授	11
7	1103	张灵	女	讲师	11
8	1104	刘山	男	教授	11
9	1201	金军	男	讲师	12
10	1202	王充	男	教授	12
11	1301	张明	男	副教授	13
12	1302	王青杨	男	教授	13
13	1401	柳铭	男	副教授	14
14	1402	孙五	男	教授	14

图 5.15 表别名查询数据结果集

任务小结

（1）查询的基本语法。

select 字段名 from 表名 where 筛选条件;

（2）where 后面的筛选条件可以包含逻辑运算符、比较运算符、区间、包含、null 等。

（3）模糊查询用关键字 like。

（4）区间关系用 between...and。

（5）包含关系用 in，不包含用 not in。

（6）多个并列条件用 and，多个选择条件用 or。

任务 5.2　教务管理系统数据库中数据的函数查询

任务描述

为了进一步方便用户使用，增强查询能力，不同的数据库会提供多种内部函数（又称库函数）。

所谓函数查询，就是在 select 查询过程中，使用函数检索到的列和条件中涉及的数据集合对其进行操作。达梦数据库的库函数又可以划分为两大类，分别是多行函数和单行函数。

本次任务将通过案例形式，用函数解决教务管理系统日常运行中需要解决的问题。

知识准备

1. 多行函数

多行函数最直观的解释是，多行函数输入多行，由于它处理的对象多属于集合，所以也称集合函数。它可以出现在 select 列表、order by 子句和 having 子句中，通常可以用 distinct 关键字过滤重复的记录，默认用 all 表示取全部记录。常用的函数及其描述见表 5.2。

表 5.2　常用的函数及其描述

函数名	描述
distinct(列名称)	在指定的列上查询表中不同的值
count(*)	统计记录个数
count(列名称)	统计一列中值的个数
sum(列名称)	计算一列值的总和（此列必须是数值型）
avg(列名称)	计算一列值的平均数（此列必须是数值型）
max(列名称)	求一列值中的最大值
min(列名称)	求一列值中的最小值

2. 单行函数

单行函数指该函数输入一行、输出一行。单行函数通常分为：字符函数、日期型函数、转换函数和数值函数等。

单行函数的主要特征为：

- 单行函数对单行操作。
- 每行返回一个结果。

- 返回值有可能与原参数数据类型不一致（转换函数）。
- 单行函数可以写在 select、where、order by 等子句中。
- 有些函数没有参数，有些函数包括一个或多个参数。
- 函数可以嵌套。

（1）字符函数。字符函数的参数为字符类型的列，并且返回字符类型或数字类型的值，主要完成对字符串的查找、替换、定位、转换和处理等功能。

（2）日期型函数。日期型函数主要处理日期、时间类型的数据，返回日期或数字类型。

1）在 DATE 类型和 TIMESTAMP 类型（会被转化为 DATE 类型）上加/减 NUMBER 类型常量，该常量单位为天数。

2）如果需要加减相应的年、月、小时或分钟数值，可以使用 n/365、n/30、n/24 或 n/1440 来实现，利用该特点，可以顺利实现对日期进行年、月、日、时、分、秒的加减。

3）日期类型的列或表达式之间可以进行减操作，功能是计算两个日期间隔了多少天。

常用方法如下：

extract(year|month|day from date)

功能：从参数中抽取对应内容，返回对应的数字类型的值。

sysdate()

功能：返回服务器系统的当前时间。

last_day()

功能：返回指定日期所在月份的最后一天。

（3）转换函数。转换函数可以完成不同数据类型之间的转换功能，常用方法如下：

to_char(date,'参数')

功能：将日期格式转换为指定参数格式。

to_date(string,date)

功能：将指定字符串转换为日期格式。

（4）数值函数。数值函数用于处理数值类型的数据。这类函数可以用于进行四则运算、求绝对值、四舍五入、取余等操作。一些常见的数值函数包括 ABS、SQRT、ROUND、MOD 等。

任务实施

1. 求最大值、最小值函数

求最大值、最小值函数基本语法格式如下：

max([distinct | all] column)
min([distinct | all] column)

【子任务 5-16】从课程表（COURSE）中查询机电工程系（DEPT_NO='11'）的最高学时数（COU_NUM）。

select max(cou_num) from edu_user.course where dept_no='11';

查询结果如图 5.16 所示。

图 5.16 max 函数查询数据结果集

2. 求记录数量函数

求记录数量函数基本语法格式如下：

count({*|[distinct| all] column})

功能：计算记录或某列的个数，函数必须指定列名称或用"*"，其他参数同上。

【子任务 5-17】 从学生表（STUDENT）中查询信息工程系（DEPT_NO='10'）的学生人数。

select count(id) from edu_user.student where dept_no='10';

查询结果如图 5.17 所示。

图 5.17 count 函数查询数据结果集

3. 求和函数

求和函数基本语法格式如下：

sum([distinct | all] column)

功能：计算指定列的数值和，如果不分组，则把整个表当作一个组来计算。

【子任务 5-18】 从课程表（COURSE）中查询机电工程系（DEPT_NO='11'）的学时数（COU_NUM）总和。

select sum(cou_num) from edu_user.course where dept_no='11';

查询结果如图 5.18 所示。

图 5.18 sum 函数查询数据结果集

4. 求平均值函数

求平均值函数基本语法格式如下：

avg([distinct| all] column)

功能：计算指定列的平均值，即某组的平均值，如果不分组，则把整个表当作一个组来计算。

【子任务 5-19】 从课程表（COURSE）中查询机电工程系（DEPT_NO='11'）的学时数（COU_NUM）平均值。

select avg(cou_num) from edu_user.course where dept_no='11';

查询结果如图 5.19 所示。

图 5.19 avg 函数查询数据结果集

5. 字符长度函数

字符长度函数基本语法格式如下：

length(column)

功能：返回该列所属字符串的长度。

【子任务 5-20】 从学生表（STUDENT）中查询姓名长度为 3 的学生信息。

select * from edu_user.student where length(stu_name)=3;

查询结果如图 5.20 所示。

	ID INT	STU_NO VARCHAR(15)	STU_NAME VARCHAR(10)	STU_GENDER VARCHAR(2)	DEPT_NO VARCHAR(20)	CLASS_NO VARCHAR(10)
1	13	10100303	王天铭	男	10	1003
2	21	11110101	刘明华	女	11	1101
3	23	11110103	刘天杨	男	11	1101
4	60	14140105	张蒙华	女	14	1401

图 5.20　length 函数查询数据结果集

6. 字符连接函数

字符连接函数基本语法格式如下：

concat(char1,char2,…)

功能：返回多个字符串连接起来的字符，与||相同。

【子任务 5-21】 将部门表（DEPARTMENT）中的部门编号和部门名称合并为一列显示。

select concat(dept_no,dept_name) from edu_user.department;

查询结果如图 5.21 所示。

	CONCAT(DEPT_NO,DEPT_NAME) VARCHAR(32767)
1	10　　　　　信息工程系
2	11　　　　　机电工程系
3	12　　　　　通信工程系
4	13　　　　　运输工程系
5	14　　　　　人工智能系

图 5.21　concat 函数查询数据结果集

7. 截取子串函数

截取子串函数基本语法格式如下：

substr(column,m,n)

功能：返回该列所属字符串从 m 开始的 n 个字符。

【子任务 5-22】 从学生表（STUDENT）中查询所有男同学的学生信息，并显示每名学生学号的后三位。

select ID,substr(stu_no,6,8),stu_name,stu_gender,dept_no,class_no
from edu_user.student
where stu_gender = '男';

查询结果如图 5.22 所示。

	ID	SUBSTR(STU_NO,6,8)	STU_NAME	STU_GENDER	DEPT_NO	CLASS_NO
	INT	VARCHAR(10)	VARCHAR(10)	VARCHAR(2)	VARCHAR(20)	VARCHAR(10)
1	3	103	刘刘	男	10	1001
2	4	104	五行	男	10	1001
3	5	105	刘天	男	10	1001
4	8	203	刘欢	男	10	1002
5	9	204	王青	男	10	1002
6	13	303	王天铭	男	10	1003
7	14	304	柳任	男	10	1003
8	18	403	田华	男	10	1004
9	19	404	彭全	男	10	1004
10	23	103	刘天杨	男	11	1101
11	24	104	吴号	男	11	1101
12	25	105	刘蒙	男	11	1101
13	28	203	王也	男	11	1102
14	29	204	王华	男	11	1102
15	33	303	安全	男	11	1103
16	34	304	冯天	男	11	1103
17	38	403	田聪	男	11	1104
18	39	404	刘中	男	11	1104
19	43	103	刘梦	男	12	1201
20	44	104	王梦	男	12	1201
21	45	105	单蒙	男	12	1201
22	48	203	彭浩	男	12	1202
23	49	204	王永	男	12	1202
24	53	103	将前	男	13	1301
25	54	104	魏华	男	13	1301
26	58	103	杨书	男	14	1401
27	59	104	吕宏	男	14	1401

27行，0.002秒

图 5.22　substr 函数查询数据结果集

任务小结

学习数据库的目的之一是解决数据操作问题，现实生活中遇到最多的场景就是查询。比如假期想出去旅游，那就要先查查路线、车票、酒店、景点和美食等。查询在数据库学习中是重中之重，查询的基本语法比较好掌握，难点在于查询条件的设定，所以 where 子句很关键。

（1）基本语法。

select 字段名 from 表名；

（2）条件查询语法。

select 字段名 from 表名 where 筛选条件；

（3）最大值函数 max()、最小值函数 min()、平均值函数 avg()、求和函数 sum()、查个数函数 count()。

（4）分组语句 group by。

（5）分组之后的条件筛选语句 having。

（6）排序语句 order by、升序 asc、降序 desc。

习　题　5

1. 查询学生表（STUDENT）中所有数据，输出结果按年龄降序排列。

2. 从课程表（COURSE）中查询机电工程系（DEPT_NO='11'）学时数（COU_NUM）最高的课程名称。

3. 从教师表（TEACHER）中查询信息工程系（DEPT_NO ='10'）职称为教授（TEA_PRO='教授'）且名字为三个字的教师姓名。

4. 查看学生表（STUDENT），看看哪个姓氏的学生人数最多，把结果打印出来。

5. 查看学生表（STUDENT），按姓氏人数降序排列，把姓氏人数在50人以上的打印出来。

单元 6　教务管理数据的高级查询

单元导读

数据库的设计原则是精简，通常是每个表尽可能单一，存放不同的数据，最大限度减少数据冗余。而在实际工作中，需要从多个表中查询用户需要的数据，并生成一个临时结果，这就是连接查询。当查询的数据源于两个及以上表时，可用连接查询、子查询等来实现。

品德塑造

通过多表连接、子查询嵌套等操作，引导学生理解数据深度挖掘背后的伦理边界，例如跨表关联可能涉及隐私融合风险，需通过脱敏技术践行"数据可用不可见"的治理原则。在窗口函数、分析优化等进阶功能中，融入"以数据驱动社会进步"的理念，如探讨技术如何辅助教育决策的公平性与科学性，强调国产数据库在保障数据主权、规避"算法黑箱"中的技术优势，传递"技术服务于公共利益"的核心价值观。最终将复杂查询的逻辑严谨性与数据应用的公共责任感相统一，培养学生"用技术洞见真相，以分析守护正义"的科技伦理素养。

单元目标

知识目标
- 掌握数据库多表查询的方法。
- 掌握数据库数据高级查询的方法。

能力目标
- 具备可视化关系数据库处理分析数据的能力。
- 具备数据库数据查询和管理的能力。

素养目标
- 培养数据管理能力。
- 培养创新意识和独立的决策能力。

任务 6.1　基于多表连接查询教务信息

任务描述

在实际应用中，数据库中的各个表中存储着不同的数据，用户往往需要用多个表中的数据来组合、提取所需信息，这时就需要通过不同数据表之间的关联性，将不同的数据表连接起来，通过各个表之间共同列的关联性来查询数据，从而实现多表连接查询，它是关系数据库查询最主要的特征。

本次任务将利用多表连接对教务管理常用数据进行查询，在教学过程中培养学生的创新意识和对问题的分析能力。

知识准备

连接查询通过各个表中相同字段（或字段名称不同，但数据类型一致且表达含义相同）的关联性来查询数据，它是关系数据库查询最主要的特征。在达梦数据库中，连接查询有笛卡儿积（交叉连接）查询、内连接查询、外连接查询等。

1. 笛卡儿积查询

笛卡儿积又称笛卡儿乘积或直积，是由著名数学家笛卡儿提出的，表示两个集合的相乘运算。集合 A 和集合 B 的笛卡儿积可以表示为 A×B，其中，第一个对象是 A 的成员，第二个对象是 B 的所有可能有序对中的一个成员。

假设集合 A={a,b}，集合 B={0,1,2}，则两个集合的笛卡儿积为{(a,0),(a,1),(a,2),(b,0),(b,1),(b,2)}。

示例：将表 6.1 和表 6.2 进行交叉连接。

表 6.1 集合 A

T1	T2
1	A
6	F
2	B

表 6.2 集合 B

T3	T4	T5
1	3	M
2	0	N

表 6.1 和表 6.2 交叉连接后得到如下 6 行（3×2=6）的表，见表 6.3。

表 6.3 交叉连接结果

T1	T2	T3	T4	T5
1	A	1	3	M
6	F	1	3	M
2	B	1	3	M
1	A	2	0	N
6	F	2	0	N
2	B	2	0	M

2. 内连接查询

内连接查询是返回结果集仅包含满足全部连接条件记录的多表连接查询，其一般语法格式如下：

select 列名称 from 表名 inner join 连接表名 on [连接条件];

在连接查询中用来连接两个表的条件称为连接条件或连接谓词，连接条件的一般格式如下：

表名 1.列名 1＝表名 2.列名 2

语法说明如下：
- 表之间通过 inner join 关键字连接，on 是两个表之间的关联条件，通常是不可缺少的，inner 可省略。
- 为了简化 SQL 语句书写，可为表名定义别名，表的别名不支持 as 用法，格式如下：

from <表名><别名>

如

```
from TEACHER T
```

- 在进行有效的多表查询时，查询的列名前加表名或表的别名前缀（如果列在多个表中是唯一的则可以不加），建议使用表前缀，使用表前缀可以提高查询性能。

3. 外连接查询

外连接查询是除返回满足连接条件的数据以外，还返回左、右或两个表中不满足条件的数据的一种多表连接查询。

因此，外连接查询又分为左连接查询、右连接查询和全连接查询 3 种，其一般语法格式如下：

```
select 列名称 from 表名[left | right | full] outer join 连接表名 on [连接条件];
```

语法说明如下：

- left outer join：左外连接，指除了符合条件的行，还要从 on 语句左侧的表里选出不匹配的行。
- right outer join：右外连接，指除了符合条件的行，还要从 on 语句右侧的表里选出不匹配的行。
- full outer join：全外连接，指除了符合条件的行，还要从 on 语句两侧的表里选出不匹配的行。
- outer：可以省略。

任务实施

【**子任务 6-1**】将 EDU_USER 模式下的 CLASS 表和 DEPARTEMENT 表做笛卡儿积连接查询，并为两个表起别名为 T1 和 T2。

步骤 1：确定查询所需要的表。

要查询的字段来自两个数据表，分别是 CLASS 表和 DEPARTMENT 表，而且这两个表进行全连接。

步骤 2：完整语句。

```
select t1.*,t2.* from edu_user.class t1,edu_user.department t2;
```

查询结果如图 6.1 所示。

| ID | CLASS_NO | CLASS_NAME | CLASS_TEACHER | CLASS_NUM | DEPT_NO | ID | DEPT_NO | DEPT_NAME | DEAN |
INT	VARCHAR(20)	VARCHAR(20)	VARCHAR(10)	INT	VARCHAR(20)	INT	VARCHAR(20)	VARCHAR(20)	VARCHAR(10)
1	1001	网络技术2201	李杰	40	10	1	10	信息工程系	张青
2	1002	网络技术2202	李杰	44	10	1	10	信息工程系	张青
3	1003	软件技术2201	王锐	42	10	1	10	信息工程系	张青
4	1004	多媒体技术2201	刘新	43	10	1	10	信息工程系	张青
5	1101	机电2201	刘源	42	11	1	10	信息工程系	张青
6	1102	机电2202	马军	42	11	1	10	信息工程系	张青
7	1103	自动控制2201	刘董	42	11	1	10	信息工程系	张青
8	1104	自动控制2202	王铭	43	11	1	10	信息工程系	张青
9	1201	通信2201	王欣	42	12	1	10	信息工程系	张青
10	1202	通信2202	田文	44	12	1	10	信息工程系	张青

图 6.1 子任务 6-1 运行结果参考图

子任务 6-1 操作步骤

【**子任务 6-2**】在 EDU_USER 模式下查询教师信息，要求显示教师姓名、性别、职称、和所属系部名称（使用别名）。

步骤 1：从表中选择指定列。

select tea_name,gender,pro,dept_name

步骤 2：指定数据源。

from edu_user.teacher t1,edu_user.department t2

步骤 3：指定连接条件。

t1.dept_no=t2.dept_no

步骤 4：完整语句。

select tea_name,tea_gender,tea_pro,dept_name
from edu_user.teacher t1 inner
join edu_user.department t2 on t1.dept_no=t2.dept_no;

查询结果如图 6.2 所示。

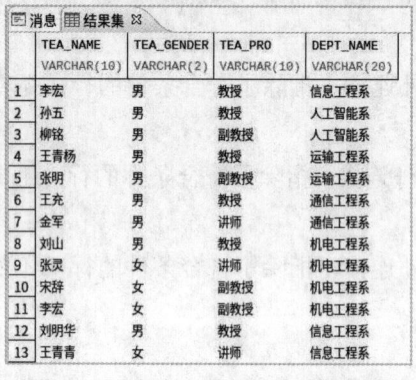

图 6.2　子任务 6-2 运行结果参考图

【子任务 6-3】利用 where 条件表达式完成子任务 6-2 的查询操作（使用别名）。

步骤 1：从表中选择指定列。

select tea_name,gender,pro,dept_name

步骤 2：指定数据源。

from edu_user.teacher t1,edu_user.department t2

步骤 3：指定连接条件。

t1.dept_no=t2.dept_no

步骤 4：完整语句。

select tea_name,tea_gender,tea_pro,dept_name
from edu_user.teacher t1,edu_user.department t2
where t1.dept_no=t2.dept_no;

查询结果如图 6.3 所示。

图 6.3　子任务 6-3 运行结果参考图

【子任务 6-4】查询讲授 2022-2023-2 学期课程且学时数大于 50 的教师姓名、性别、职称和部门名称（使用别名）。

步骤 1：从表中选择指定列。

select t1.tea_name,t1.tea_gender,t1.tea_pro,t2.dept_no

步骤 2：指定数据源。

from edu_user.teacher t1,edu_user.course t2

步骤 3：指定连接条件。

t1.dept_no=t2.dept_no

步骤 4：指定筛选条件。

t2.cou_num>50 and t2.term=3

步骤 5：完整语句。

select t1.tea_name,t1.tea_gender,t1.tea_pro,t2.dept_no
from edu_user.teacher t1
join edu_user.course t2 on t1.dept_no=t2.dept_no
where t2.cou_num>50 and t2.cou_term='2022-2023-2';

查询结果如图 6.4 所示。

	TEA_NAME VARCHAR(10)	TEA_GENDER VARCHAR(2)	TEA_PRO VARCHAR(10)	DEPT_NO VARCHAR(20)
1	李宏	男	教授	10
2	孙五	男	教授	14
3	柳铭	男	副教授	14
4	王充	男	教授	12
5	金军	男	讲师	12
6	刘山	男	教授	11
7	张灵	女	讲师	11
8	宋辞	女	副教授	11
9	李宏	女	副教授	11

图 6.4　子任务 6-4 运行结果参考图

【子任务 6-5】查询信息工程系教师。要求显示姓名、性别、职称。

步骤 1：从表中选择指定列。

select tea_name,gender,pro

步骤 2：指定数据源。

from edu_user.teacher t1,edu_user.department t2

步骤 3：指定连接条件。

t1.dept_no=t2.dept_no

步骤 4：指定筛选条件。

dept_name='信息工程系'

步骤 5：完整语句。

select tea_name,tea_gender,tea_pro
from edu_user.teacher t1
join edu_user.department t2 on t1.dept_no=t2.dept_no
where dept_name='信息工程系';

查询结果如图 6.5 所示。

【子任务 6-6】查询系部编号为 10 且专业工业技术成绩>90 分的学生姓名。

步骤 1：从表中选择指定列。

图 6.5 子任务 6-5 运行结果参考图

select stu_name

步骤 2：指定数据源。

from edu_user.student t1,edu_user.course t2,edu_user.teaching t3

步骤 3：指定连接条件。

t1.stu_no=t3.stu_no,t3.cou_no=t2.cou_no

步骤 4：指定筛选条件。

t2.cou_name='Java Web' and t3.cou_grade<90 and t1.dept_no='10'

步骤 5：完整语句。

select stu_name
from edu_user.student t1
join edu_user.teaching t3 on t1.stu_no=t3.stu_no
join edu_user.course t2 on t3.cou_no=t2.cou_no
where t2.cou_name='Java Web' and t3.cou_grade<90 and t1.dept_no='10';

查询结果如图 6.6 所示。

图 6.6 子任务 6-6 运行结果参考图

【子任务 6-7】查询姓李的老师讲的课程。

步骤 1：从表中选择指定列。

select cou_name

步骤 2：指定数据源。

from edu_user.teacher t1,edu_user.course t2,edu_user.teaching t3

步骤 3：指定连接条件。

t1.tea_no=t3.tea_no ,t2.cou_no=t3.cou_no

步骤 4：指定筛选条件。

t1.tea_name=like '李%'

步骤 5：完整语句。

select cou_name from edu_user.teacher t1
join edu_user.teaching t3 on t1.tea_no=t3.tea_no
join edu_user.course t2 on t3.cou_no=t2.cou_no
where t1.tea_name like '李%';

查询结果如图 6.7 所示。

	COU_NAME
	VARCHAR(20)
1	Java 程序设计
2	Python 程序设计
3	Python 程序设计
4	Python 程序设计
5	Python 程序设计
6	Python 程序设计
7	Java 程序设计
8	Java 程序设计
9	Java 程序设计
10	Java 程序设计

图 6.7　子任务 6-7 运行结果参考图

【子任务 6-8】使用左连接查询所有班级所在系部。

步骤 1：从表中选择指定列。

select t1.class_no,t1.class_no,t2.dept_name

步骤 2：指定数据源。

from edu_user.class t1, edu_user.department t2

步骤 3：指定连接条件。

t1.dept_no=t2.dept_no;

步骤 4：完整语句。

select t1.class_no,t1.class_no,t2.dept_name
from edu_user.class t1
left join edu_user.department t2 on t1.dept_no=t2.dept_no;

查询结果如图 6.8 所示。

	CLASS_NO	CLASS_NO	DEPT_NAME
	VARCHAR(20)	VARCHAR(20)	VARCHAR(20)
1	1001	1001	信息工程系
2	1002	1002	信息工程系
3	1003	1003	信息工程系
4	1004	1004	信息工程系
5	1101	1101	机电工程系
6	1102	1102	机电工程系
7	1103	1103	机电工程系
8	1104	1104	机电工程系
9	1201	1201	通信工程系
10	1202	1202	通信工程系
11	1301	1301	运输工程系
12	1401	1401	人工智能系

图 6.8　子任务 6-8 运行结果参考图

子任务 6-8 操作步骤

【子任务 6-9】使用右连接查询所有班级所在系部。

步骤 1：从表中选择指定列。

select t1.class_no,t1.class_no,t2.dept_name

步骤 2：指定数据源。

from edu_user.class t1,edu_user.department t2

步骤 3：指定连接条件。

t1.dept_no=t2.dept_no;

步骤 4：完整语句。

select t1.class_no,t1.class_no,t2.dept_name
from edu_user.class t1
right join edu_user.department t2 on t1.dept_no=t2.dept_no;

查询结果如图 6.9 所示。

| CLASS_NO | CLASS_NO | DEPT_NAME |
VARCHAR(20)	VARCHAR(20)	VARCHAR(20)
1001	1001	信息工程系
1002	1002	信息工程系
1003	1003	信息工程系
1004	1004	信息工程系
1101	1101	机电工程系
1102	1102	机电工程系
1103	1103	机电工程系
1104	1104	机电工程系
1201	1201	通信工程系
1202	1202	通信工程系
1301	1301	运输工程系
1401	1401	人工智能系

图 6.9　子任务 6-9 运行结果参考图

任务小结

select 语句可以实现对表的选择及连接操作。如果要在不同表中查询数据，则必须在 from 子句中指定多个表。from 子句使用 join 关键字实现内连接、外连接。

任务 6.2　利用嵌套语句查询教务信息

任务描述

有些查询条件不是非常明确的，需要从另外一个查询中获取，这时就需要查询语句进行嵌套，也就是说将一个查询的结果作为另外一个查询的条件。通常被称为嵌套 select 语句、子 select 语句或内部 select 语句。

知识准备

子查询就是将一个 select 语句嵌入另一个 select 语句的子句中，在许多 SQL 子句中可以使用子查询，其中包括 from 子句、where 子句等。通常先执行子查询，然后使用其输出结果来完善主查询（外部查询）。

1. 语句格式

from 子句中使用子查询，其一般语法格式如下：

select 列名称　from(select 语句)

where 子句中使用子查询，其一般语法格式如下：

select 列名称　from 表名称　where <列名称><运算符>(select 语句)

语法说明如下：
- 使用的子查询语句需要用圆括号()括起来。
- 子查询中既可以使用其他表，也可以使用与主查询相同的表。
- 语法格式中的"(select 语句)"里还可以嵌套子查询。
- 子查询在主查询之前一次执行完成，子查询的结果被主查询使用。
- 子查询在参与比较条件运算时，只能放在比较条件的右侧。
- <运算符>是比较条件运算符，根据"(select 语句)"结果的类型，又可将子查询分为单行子查询（被当作一个表达式参与运算）与多行子查询（被当作一个集合参与运算）。

2. 子查询类型

在子查询中通常可以使用 in、any、some、all、exists 关键字，具体见表 6.4。

表 6.4 比较运算

比较运算	描述
>any	大于子查询结果中的某个值
>all	大于子查询结果中的所有值
<any	小于子查询结果中的某个值
<all	小于子查询结果中的所有值
>=any	大于等于子查询结果中的某个值
>=all	大于等于子查询结果中的所有值
<=any	小于等于子查询结果中的某个值
<=all	小于等于子查询结果中的所有值
=any	等于子查询结果中的某个值
=all	等于子查询结果中的所有值（通常没有实际意义）
!(或<>)any	不等于子查询结果中的某个值
!(或<>)all	不等于子查询结果中的任何值

（1）使用 in 关键字的子查询。in 关键字可以测试表达式的值是否与子查询返回集中的某个值相等，语法格式如下：

表达式 [not] in (子查询)

当表达式与子查询结果表中的某个值相等时，返回 true，否则返回 false；若使用了 not 关键字，则返回值相反。

（2）使用 any、all 关键字的子查询。子查询在返回单值时可以用比较运算符，而使用 any、all 关键字时则必须同时使用比较运算符。

（3）使用 exists 关键字的子查询。带有 exists 关键字的子查询只产生逻辑真值 true（子查询结果非空，至少有一行），或者逻辑假值 false（子查询结果为空，一行也没有）。exists 关键字比 in 关键字的运算效率高，所以在实际开发中，特别是运算数据量大时，推荐使用 exists 关键字。

（4）由 exists 关键字引出的子查询。该子查询目标列表达式通常都用*，因为带 exists 关键字的子查询只返回逻辑真值或逻辑假值，给出列名无实际意义。

任务实施

【子任务 6-10】 查询不及格学生的学生信息。

步骤 1：查询不及格学生的学号。

```
select stu_no from edu_user.teaching where cou_grade <60
```

步骤 2：通过部门号查询部门信息。

```
select * from edu_user.student where stu_no in (select stu_no from edu_user.teaching where cou_grade <60);
```

查询结果如图 6.10 所示。

ID INT	STU_NO VARCHAR(15)	STU_NAME VARCHAR(10)	STU_GENDER VARCHAR(2)	DEPT_NO VARCHAR(20)	CLASS_NO VARCHAR(10)
1	10100101	张红	女	10	1001
3	10100103	刘刘	男	10	1001
4	10100104	五行	男	10	1001
5	10100105	刘天	男	10	1001

图 6.10　子任务 6-10 运行结果参考图

【子任务 6-11】 使用内连接查询完成子任务 6-10 的功能。

步骤 1：指定数据源。

```
from edu_user.teaching tl,edu_user.student t2
```

步骤 2：指定连接条件。

```
tl.stu_no = t2.stu_no
```

步骤 3：指定筛选条件。

```
t1.cou_grade<60
```

步骤 4：完整语句。

```
select * from edu_user.teaching t1
join edu_user.student t2 on t1.stu_no = t2.stu_no
where t1.cou_grade<60;
```

查询结果如图 6.11 所示。

ID INT	STU_NO VARCHAR(15)	COU_NO VARCHAR(15)	TEA_NO VARCHAR(15)	COU_TERM VARCHAR(20)	COU_GRADE DECIMAL(2, 0)	ID INT	STU_NO VARCHAR(15)	STU_NAME VARCHAR(10)	STU_GENDER VARCHAR(2)	DEPT_NO VARCHAR(20)	CLASS_NO VARCHAR(10)
1	16	10100101	1020220204	1004	2022-2023-2	45	1	10100101	张红	女	10	1001
2	10	10100105	1020220102	1002	2022-2023-1	55	5	10100105	刘天	男	10	1001
3	14	10100104	1020220203	1003	2022-2023-2	36	4	10100104	五行	男	10	1001
4	3	10100103	1020220101	1001	2022-2023-1	40	3	10100103	刘刘	男	10	1001
5	13	10100103	1020220203	1003	2022-2023-2	40	3	10100103	刘刘	男	10	1001

图 6.11　子任务 6-11 运行结果参考图

【子任务 6-12】 查找学生成绩高于 95 分的课程的系部名称。

步骤 1：查询成绩高于 95 分课程编号。

```
select cou_no
from edu_user.teaching
where cou_grade>95
```

步骤 2：通过课程编号查询系部编号。

```
select dept_no from edu_user.course
```

```
where cou_no in
(select dept_no from edu_user.teaching where cou_grade>95);
```

步骤 3：完整语句。

```
select dept_name from edu_user.department
where dept_no in
(select dept_no from edu_user.course
where cou_no in
(select cou_no
from edu_user.teaching
where cou_grade>95)
);
```

查询结果如图 6.12 所示。

图 6.12　子任务 6-12 运行结果参考图

【子任务 6-13】查找信息工程系教师的信息。

步骤 1：查询信息工程系的系部编号。

```
select dept_no
from edu_user.department
where dept_name="信息工程系";
```

步骤 2：完整语句。

```
select * from edu_user.teacher
where dept_no =
any (select dept_no
from edu_user.department
where dept_name='信息工程系');
```

查询结果如图 6.13 所示。

图 6.13　子任务 6-13 运行结果参考图

【子任务 6-14】如果存在"网络技术 2201"这个班级，就查询班级所有的学生信息。

步骤 1：找是否存在"网络技术 2201"班。

```
select class_no
from edu_user.class t2
where t2.class_name='网络技术 2201';
```

步骤 2：完整语句。

```
select * from edu_user.student t1 where exists
(select class_no
```

from edu_user.class t2
where t2.class_name='网络技术 2201' and t1.class_no=t2.class_no);

查询结果如图 6.14 所示。

ID	STU_NO	STU_NAME	STU_GENDER	DEPT_NO	CLASS_NO
INT	VARCHAR(15)	VARCHAR(10)	VARCHAR(2)	VARCHAR(20)	VARCHAR(10)
1	10100101	张红	女	10	1001
2	10100102	张蒙	女	10	1001
3	10100103	刘刘	男	10	1001
4	10100104	五行	男	10	1001
5	10100105	刘天	男	10	1001

图 6.14 子任务 6-14 运行结果参考图

任务小结

在查询中，可以使用另一个查询的结果作为查询条件的一部分的查询称为子查询。子查询通常与 in、exists 关键字及比较运算符结合使用。子查询可以多层嵌套完成复杂的查询。

任务 6.3 排序与分类汇总

任务描述

在实际查询中，不但需要查询某些数据信息，有时还需要对某些数据进行计算、排序、汇总统计，比如用 group by 子句将查询结果集按某一列或多列分组，分组列值相等的为一组，并对每一组进行统计。对查询结果集分组的目的是细化聚合函数的作用对象，如果未对查询结果进行分组，聚合函数将作用于整个查询结果，即只有一个函数值，否则将作用于每一个分组，即每一组都有一个函数值等。

知识准备

为了丰富对查询结果的处理方式，增强查询能力，不同的数据库会提供多种查询子句，包括排序子句、分组子句、having 子句、top 子句等。

1. 排序子句

排序子句使用 order by 子句对查询结果进行排序。如果没有指定查询结果的显示顺序，数据库管理系统将按其最方便的顺序输出查询结果。用户也可以用 order by 子句按照一个或多个属性列的升序（asc）或降序（desc）重新排列查询结果，其中升序（asc）为默认值。

语法格式如下：

select 列名称 from 表名称 order by 列名称[asc | desc][nulls first | last],（列名称 [asc | desc][nulls first | last]];

2. 分组子句

分组子句使用 group by 子句对查询结果进行分组。group by 子句是 select 语句的可选项部分，它定义了分组表（行组的集合），其中每个组由其所有分组列的值都相等的行构成。

group by 子句将查询结果表按某一列值或多列值分组，值相等的为一组，其一般语法格式如下：

```
select 列名称 from 表名称 group by 列名称;
```

3．having 子句

having 子句是 select 语句的可选项部分，它也定义了一个分组表，用于选择满足条件的组，其一般语法格式如下：

```
select <选择列表>
from [<模式名>.]<基表名>|<视图名>[<相关名>]
having 子句;
< having 子句>::= having<搜索条件>
<搜索条件>::=<表达式>
```

其中只含有搜索条件为 true 的分组，且通常跟随一个 group by 子句。having 子句与分组的关系正如 where 子句与表中行的关系。

where 子句用于选择表中满足条件的行，而 having 子句用于选择满足条件的分组。

4．top 子句

top 子句用于规定查询返回记录的数目。对于记录数目较大的表来说，top 子句是非常有用的，其一般语法格式如下：

```
select top number | percent <列名> from 表名;
```

5．聚合函数

select 子句的表达式中可以包含聚合函数（Aggregation Function）。聚合函数常用于对一组值进行计算，然后返回单个值。除 count 函数外，聚合函数都会忽略空值。聚合函数通常与 group by 子句一起使用。如果 select 语句中有一个 group by 子句，这个聚合函数对所有列起作用；如果没有，则 select 语句只产生一行作为结果。聚合函数见表 6.5。

表 6.5 聚合函数

函数	描述
count	求组中项数，返回 INT 类型整数
max	求最大值
min	求最小值
sum	返回表达式中所有值的和
avg	求组中值的平均值

（1）count 函数。聚合函数中经常使用 count 函数，用于统计表中满足条件的行数或总行数，返回 select 语句检索到的行中非 null 值的数目，若找不到匹配的行，则返回 0。其语法格式如下：

```
count ({[all |distinct ] 表达式} | *)
```

（2）max 函数和 min 函数。max 函数和 min 函数分别用于求表达式中所有值项的最大值与最小值。其语法格式如下：

```
max/min ([all |distinct ] 表达式)
```

（3）sum 函数和 avg 函数。sum 函数和 avg 函数分别用于求表达式中所有值项的总和与平均值。其语法格式如下：

sum/avg ([all |distinct] 表达式)

任务实施

【子任务 6-15】 查询学生信息，并按学号降序显示。

步骤 1：学号降序。

order by stu_no desc

步骤 2：完整语句。

select * from edu_user.student order by stu_no desc;

查询结果如图 6.15 所示。

| | ID | STU_NO | STU_NAME | STU_GENDER | DEPT_NO | CLASS_NO |
	INT	VARCHAR(15)	VARCHAR(10)	VARCHAR(2)	VARCHAR(20)	VARCHAR(10)
3	58	14140103	杨书	男	14	1401
4	57	14140102	王逢	女	14	1401
5	56	14140101	刘艺	女	14	1401
6	55	13130105	韩学	女	13	1301
7	54	13130104	魏华	男	13	1301
8	53	13130103	将前	男	13	1301
9	52	13130102	张华	女	13	1301
10	51	13130101	田风	女	13	1301

图 6.15　子任务 6-15 运行结果参考图

【子任务 6-16】 从教师表中，查询统计各系部教师的数量（查询结果显示系部名称和教师数量）。

步骤 1：确定分组字段。

group by dept_name

步骤 2：指定连接条件。

a.dept_no=b.dept_no

步骤 3：完整语句。

select b.dept_name,count(a.tea_no) as 教师数量
from edu_user.department a,edu_user.teacher b
where a.dept_no=b.dept_no group by dept_name;

查询结果如图 6.16 所示。

| | DEPT_NAME | 教师数量 |
	VARCHAR(20)	BIGINT
1	信息工程系	3
2	人工智能系	2
3	运输工程系	2
4	通信工程系	2
5	机电工程系	3

图 6.16　子任务 6-16 运行结果参考图

【子任务 6-17】 从学生表中查询女生人数小于 150 的专业。

步骤 1：确定分组字段。

group by a.dept_no

步骤 2：确定分组条件。

having count(stu_no)<150;

步骤 3：完整语句。

select a.dept_no as 专业代码,count(a.stu_no) as 学生数量
from edu_user.student a
where a.stu_gender='女'
group by a.dept_no
having count(stu_no)<150;

查询结果如图 6.17 所示。

专业代码 VARCHAR(20)	学生数量 BIGINT
10	11
11	11
12	5
13	3
14	3

图 6.17　子任务 6-17 运行结果参考图

【子任务 6-18】 查询学生表中的前 8 条记录。

select top 8 * from edu_user.student;

查询结果如图 6.18 所示。

ID INT	STU_NO VARCHAR(15)	STU_NAME VARCHAR(10)	STU_GENDER VARCHAR(2)	DEPT_NO VARCHAR(20)	CLASS_NO VARCHAR(10)
1	10100101	张红	女	10	1001
2	10100102	张蒙	女	10	1001
3	10100103	刘刘	男	10	1001
4	10100104	五行	男	10	1001
5	10100105	刘天	男	10	1001
6	10100201	张来	女	10	1002
7	10100202	张天	女	10	1002
8	10100203	刘欢	男	10	1002

图 6.18　子任务 6-18 运行结果参考图

【子任务 6-19】 查询学生表中前 1%的记录。

select top 1 percent * from edu_user.student;

查询结果如图 6.19 所示。

ID INT	STU_NO VARCHAR(15)	STU_NAME VARCHAR(10)	STU_GENDER VARCHAR(2)	DEPT_NO VARCHAR(20)	CLASS_NO VARCHAR(10)
1	10100101	张红	女	10	1001

图 6.19　子任务 6-19 运行结果参考图

【子任务 6-20】 在学生表中查找从第 3 名同学开始的 3 位学生的成绩。

```
select t2.cou_grade
from edu_user.student t1,edu_user.teaching t2
where t1.stu_no=t2.stu_no
order by t1.stu_no
limit 3,3;
```

查询结果如图 6.20 所示。

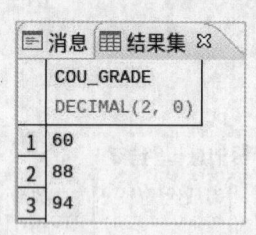

COU_GRADE
DECIMAL(2, 0)
1　60
2　88
3　94

图 6.20　子任务 6-20 运行结果参考图

【子任务 6-21】 查询学生成绩大于 98 分的班级名称。

步骤 1：查询成绩高于 98 分的学生学号。

```
select stu_no from edu_user.teaching
where max(cou_grade)>98
```

步骤 2：通过学生学号查询学生所在班级。

```
select class_no from edu_user.student
where stu_no in
(select stu_no from edu_user.teaching where max(cou_grade)>98);
```

步骤 3：完整语句。

```
select class_name from edu_user.class where class_no in
(select class_no from edu_user.student where stu_no in
(select stu_no from edu_user.teaching
group by stu_no
having max(cou_grade)>98));
```

查询结果如图 6.21 所示。

CLASS_NAME
VARCHAR(20)
1　网络技术2201

图 6.21　子任务 6-21 运行结果参考图

任务小结

group by 子句可以保证结果中的行按一定顺序排列。聚合函数可以实现对一组值进行计算，主要用于数据的统计分析。group by 句根据字段对行进行分组，而 having 子句用来对 group by 子分组结果的行进行选择。聚合函数常与 group by 子句和 having 子句一起使用，实现数据的分类统计。

习 题 6

1. 什么情况下会用到多表连接？
2. 多表连接中，内连接的关键字是什么？
3. 简述外连接的几种情况。
4. 简述嵌套查询的基本思想。
5. 需要对查询结果排序，可以使用关键字_____。
6. 数据分组的关键字是_____，分组后对数据进行条件筛选的关键字是_____。

单元7 教务管理系统数据库的备份与还原

单元导读

数据库备份是保护企业数据资产和业务连续性的重要手段，主要目的是防止数据丢失和数据丢失后重建数据库，数据库备份一般定义为数据库在某个时间节点做的副本。本单元主要介绍备份还原的基本概念、技术原理，如何使用DM的命令行工具DIsql和DMRMAN（DM RECOVER MANAGER）、客户端工具管理工具（MANAGER）和控制台工具（CONSOLE）进行备份还原，以及它们所提供的功能和详细的参数介绍。本单元还介绍教务管理系统数据库的库备份、表空间备份、表备份等操作。通过学习教务管理系统数据库备份与还原，学生清楚数据库管理员的责任和担当，认识到数据安全的重要性，需要时刻保持警惕，以此培养学生遵守相关的法律法规意识、诚信意识和道德规范意识。

品德塑造

通过讲解完全备份、增量备份等策略制定，强调数据安全不仅是技术问题，更是对用户信任与社会稳定的责任担当，需遵循《中华人民共和国网络安全法》中对数据容灾的要求，体现"防患未然"的风险意识。在还原操作的演示中，结合金融系统故障恢复案例，引导学生理解一次失效的还原可能摧毁多年数字资产积累，以此传递"技术行为关乎文明延续"的深刻认知。同时，以达梦数据库国产化备份协议自主设计为例，诠释核心技术对打破国外技术封锁、保障国家数据主权的战略意义，将备份文件的可靠性升华为对数字时代历史记忆的守护。最终让学生在操作中形成"以技术捍卫数据生命线，用责任筑牢信息长城"的职业使命感。

单元目标

知识目标
- 理解备份与还原的基本概念和作用。
- 掌握备份与还原的类型与特点。
- 掌握备份与还原的操作流程。

能力目标
- 能够直接对数据库的数据文件进行扫描，将数据文件中的有效数据页保存到备份集中。
- 能够使用工具进行物理备份和还原。
- 能够使用工具进行逻辑备份和还原。

素养目标
- 养成数据安全意识，遵循数据安全规定和操作流程。
- 养成团队合作精神，与团队成员保持良好的沟通和协作。
- 养成遵守相关的法律法规和道德规范意识，培养诚信意识和法律意识。

任务 7.1 教务管理系统数据库备份

任务描述

教务管理系统数据库备份借助 DM 控制台工具和 DM 管理工具进行数据库备份，DM 控制台工具和 DM 管理工具是图形化操作工具，分别可以进行脱机备份和联机备份，完成数据库备份、归档备份、表空间备份等操作。

知识准备

1. 数据库备份

数据库备份就是数据库在某个时间点做的副本。

2. 按备份类型分类

数据库备份按备份类型分为完全备份和增量备份。

（1）完全备份。完全备份是指对整个数据库的所有数据和对象进行备份，包括表结构、数据、索引等所有内容。特点是备份全面，但需要花费较多的时间和空间。一般推荐定期（如每周）进行一次完全备份。

（2）增量备份。增量备份是指对上次备份以来发生变化的数据和对象进行备份，与差异备份类似，但增量备份是基于上一次任何类型的备份（完全备份、差异备份或增量备份）来进行的。特点是进一步减少备份文件的大小和备份时间，但恢复时可能需要多个备份文件。

3. 按备份方式分类

数据库备份按备份方式主要可以分为物理备份和逻辑备份。

（1）物理备份。物理备份是指直接复制数据库的物理文件（如数据文件、日志文件、控制文件等）到另一个存储介质上。这种备份方式依赖数据库的物理存储结构，不涉及数据的逻辑结构或内容。

（2）逻辑备份。逻辑备份是指通过数据库管理系统提供的导出工具或 SQL 语句，将数据库中的数据以逻辑结构（如表、视图、存储过程等）的形式导出到文件（如文本文件、二进制文件等）中。逻辑备份不依赖数据库的物理存储结构，而是关注数据的逻辑结构和内容，备份的是数据库对象。

4. 数据库备份按状态分类

数据库备份按数据库状态可分为冷备份和热备份。

（1）冷备份。冷备份也称为脱机备份，是在数据库关闭状态下进行的备份。由于数据库不处于运行状态，因此备份过程简单且可靠，但会中断数据库服务。

（2）热备份。热备份也称为联机备份，是在数据库运行状态下进行的备份，通常通过数据库管理系统提供的特定工具或命令来实现。热备份可以最小化对数据库服务的影响，但操作相对复杂，需要确保备份过程中数据的一致性和完整性。

任务实施

1. 教务管理系统数据库脱机备份

（1）创建一个备份路径。

[root@localhost 桌面]# cd /dmdbms

```
[root@localhost dmdbms]# mkdir -p /backup
[root@localhost dmdbms]# cd /backup
[root@localhost backup]#
```

（2）关闭数据库。

在数据库安装目录的 bin 目录下使用命令./DmServiceDM8SERVER stop 关闭数据库。可以使用./DmServiceDM8SERVER status 命令查看数据库状态，出现 DmServiceDM8SERVER is stoppped 提示信息表示数据库已经关闭。

（3）使用 Console 进入 DM 控制台工具界面。

在计算机桌面空白处右击，然后在右键菜单中选择"在终端中打开"，如图 7.1 所示。

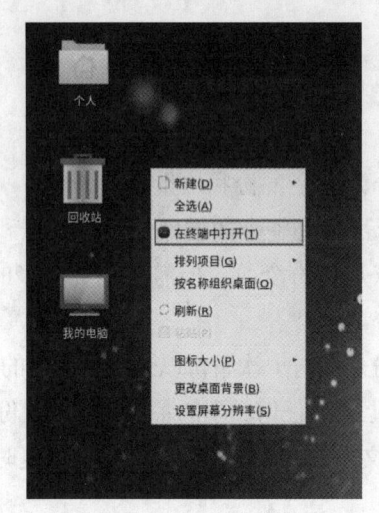

图 7.1　桌面右键菜单

进入终端窗口，如图 7.2 所示。

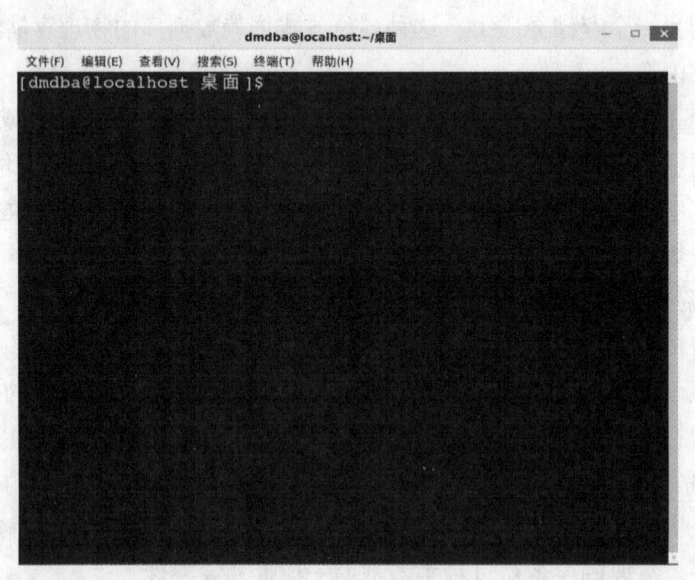

图 7.2　终端窗口

输入命令：cd /home/dmdba/dmdbms/tool，切换进入 tool 目录，tool 目录下的 Console 可以查看和修改参数，可以对数据库做冷备份、数据库还原恢复。在终端窗口输入命令：./console，调用 DM 控制台工具界面，如图 7.3 所示。

DM 控制台工具如图 7.4 所示。

图 7.3　命令行调用 DM 控制台工具

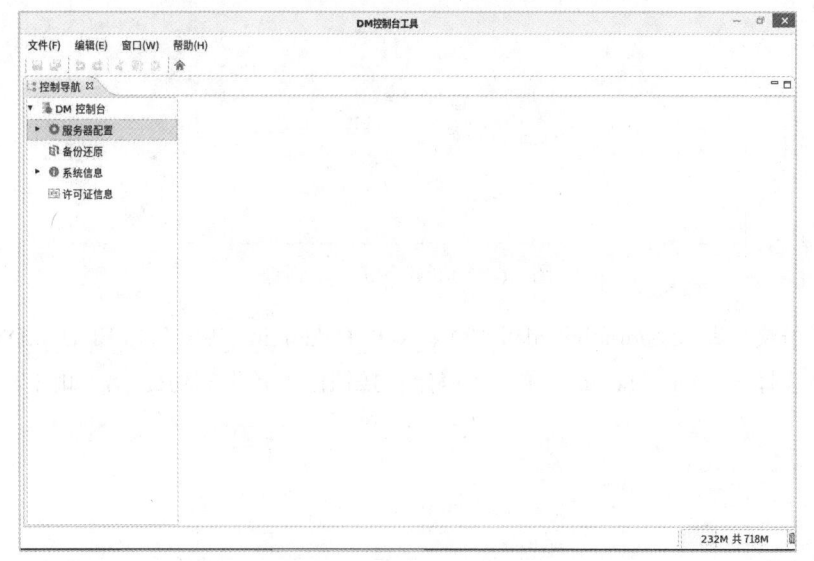

图 7.4　DM 控制台工具

将数据库 EDU_ADMIN 备份到 backup 目录下，单击 DM 控制台工具左侧的"备份还原"选项，如图 7.5 所示。

图 7.5　DM 控制台工具"备份还原"界面

（4）新建备份。

在 DM 控制台工具"备份还原"界面单击右侧"新建备份"按钮，打开对话框设置相关参数，如图 7.6 所示。

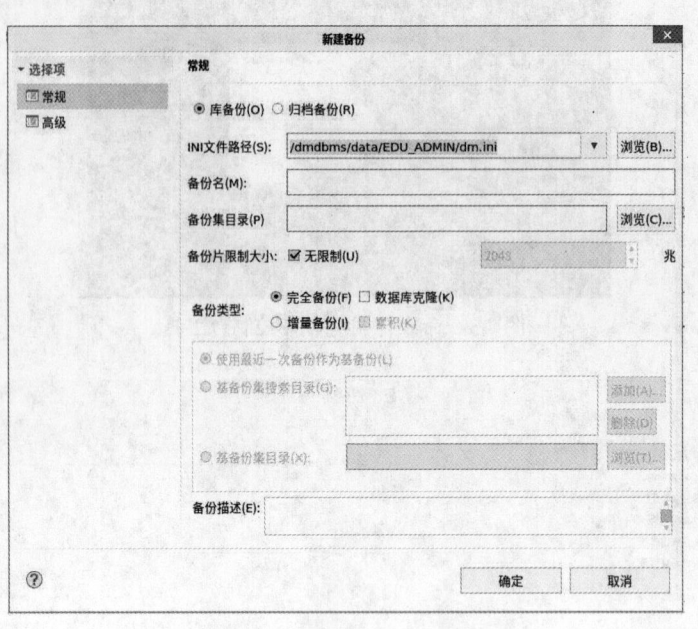

图 7.6 "新建备份"对话框

设置备份文件路径为/dmdbms/data/EDU_ADMIN/dm.ini，备份名为 EDU_ADMIN_BAK，备份集目录选择/dmdbms/backup，单击"确定"按钮出现备份成功提示，如图 7.7 所示。

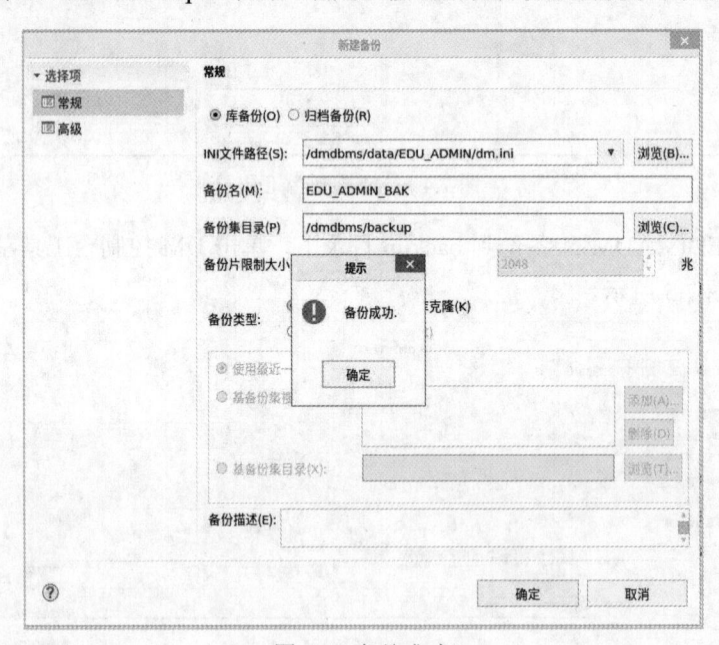

图 7.7 备份成功

（5）查看备份。

在桌面右击"终端中打开"，打开终端窗口，通过 cd 命令切换，进入/dmdbms/backup 目录下查看备份文件。

2. 教务管理系统数据库联机备份

数据库热备份需要将数据库开启归档状态。

(1)启动数据库。

在数据库安装目录的 bin 目录下使用命令./DmServiceDM8SERVER start 启动数据库。

(2)设置数据库配置状态。

开启数据库归档状态，需要将数据库设置为配置状态，打开 DM 管理工具，右击 LOCALHOST（SYSDBA）根节点，在快捷菜单中选择"管理服务器"，在"管理服务器"对话框中选择"系统管理"选项，然后选择"配置"选项，单击"转换"按钮进行设置，出现转换状态成功对话框，如图 7.8 所示。

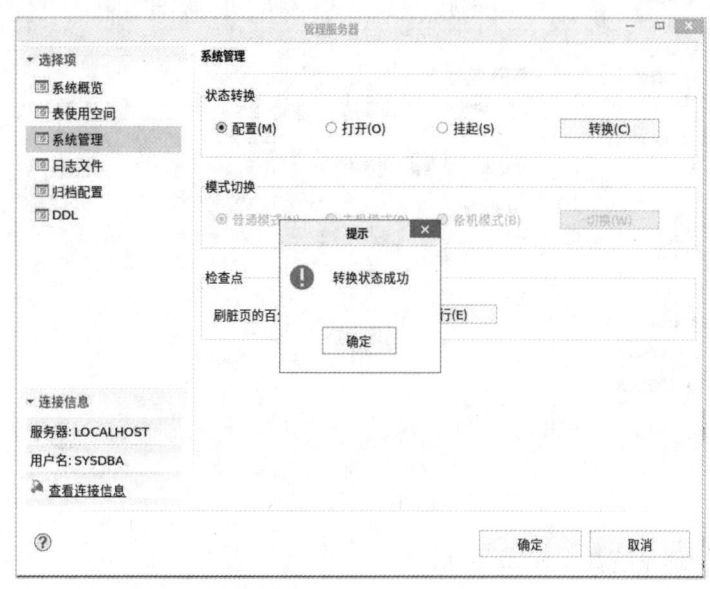

图 7.8　"系统管理"界面

(3)开启归档模式设置归档属性。

打开 DM 管理工具，右击 LOCALHOST（SYSDBA）根节点，在快捷菜单中选择"管理服务器"，在"管理服务器"对话框左侧选择"归档配置"，然后单击"归档"单选项进行设置，单击"+"按钮设置归档目标为/dmdbms/backup，再配置其他相关参数，完成配置后单击"确定"按钮，完成归档属性配置，如图 7.9 所示。

图 7.9　"归档属性"界面

(4）设置数据库打开状态。

打开 DM 管理工具，右击 LOCALHOST（SYSDBA）根节点，在快捷菜单中选择"管理服务器"，在"管理服务器"对话框选择"系统管理"选项下，然后选择"打开"单选项，单击"转换"按钮进行设置，出现转换状态成功消息框，如图 7.10 所示。

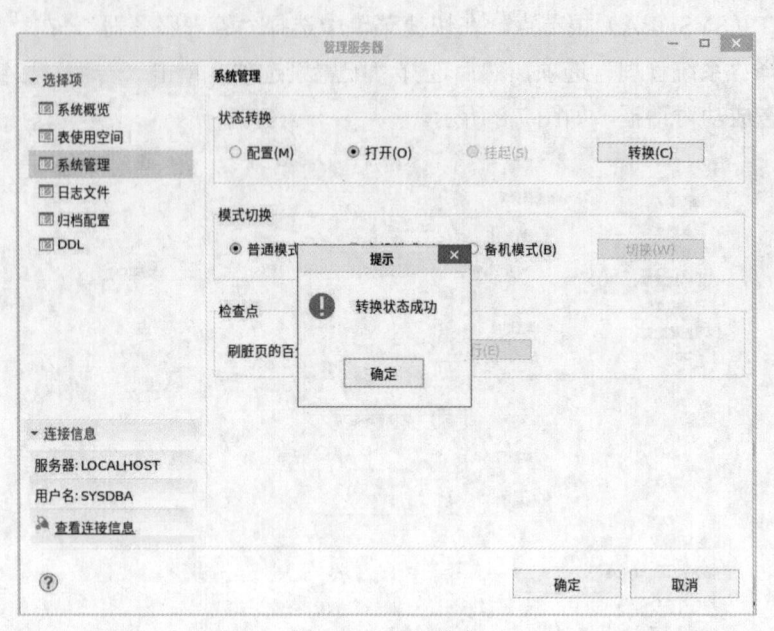

图 7.10　打开状态

（5）教务管理系统数据库库备份。

打开 DM 管理工具，在 DM 管理工具左侧展开"备份"项，右击"库备份"选项，打开"新建库备份"对话框，选择"常规"选项，进入设置界面，在其中完成备份名为 EDU_ADMIN_BAK，备份集目录选择/dmdbms/backup 等其他相关参数的设置，如图 7.11 所示，在"高级"选项卡中也可以进行参数设置。

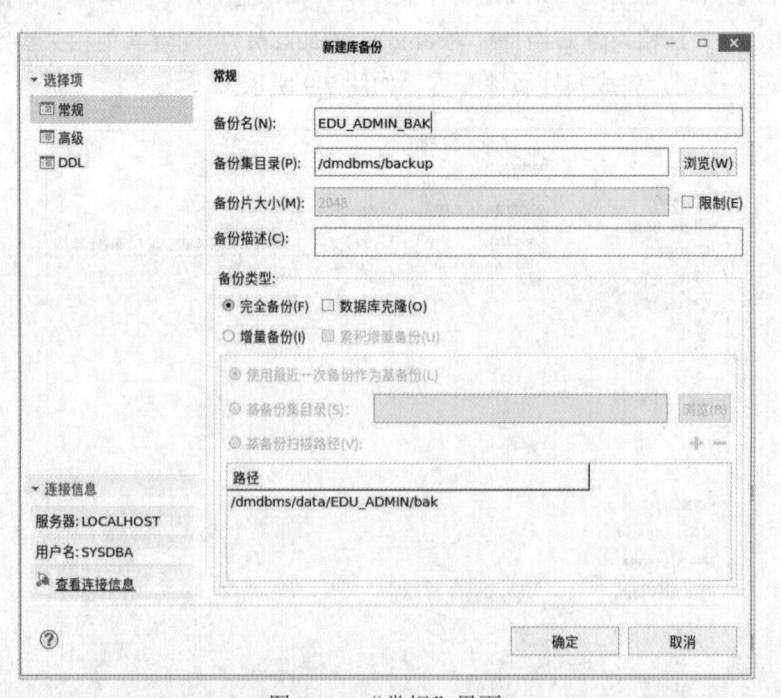

图 7.11　"常规"界面

3. 教务管理系统数据库表空间备份

表空间备份也要在数据库归档模式下进行备份，打开 DM 管理工具，在 DM 管理工具左侧展开"备份"项，右击"表空间备份"选项，打开"新建表空间备份"对话框，选择"常规"选项，进入设置界面完成表空间名为 EDU_SPACE，备份名为 EDU_SPACE_BAK，备份集目录等其他相关参数设置，如图 7.12 所示，在"高级"选项卡中也可以进行参数设置。

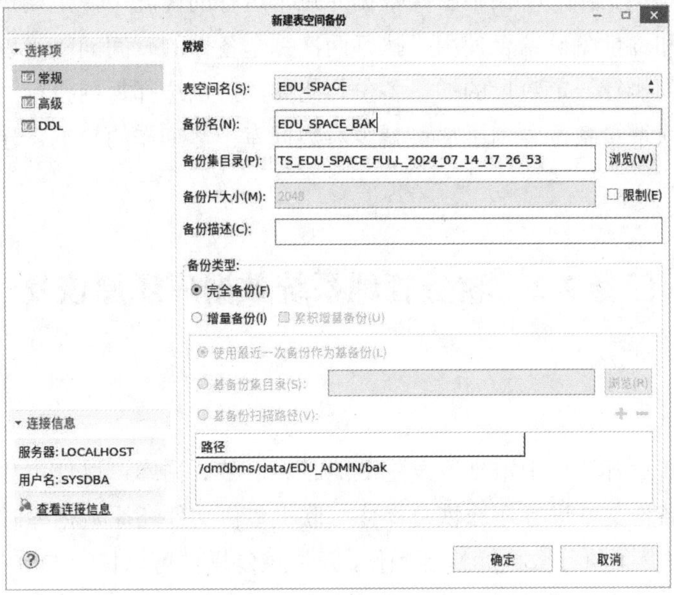

图 7.12 "新建表空间备份"对话框

4. 教务管理系统数据库表备份

表备份也要在数据库归档模式下进行备份，打开 DM 管理工具，在 DM 管理工具左侧展开"备份"项，右击"表备份"选项，打开"新建表备份"对话框，选择"常规"选项，设置模式名、表名、备份名及备份集目录等其他相关参数设置，如图 7.13 所示，在"高级"选项卡中也可以进行参数设置。

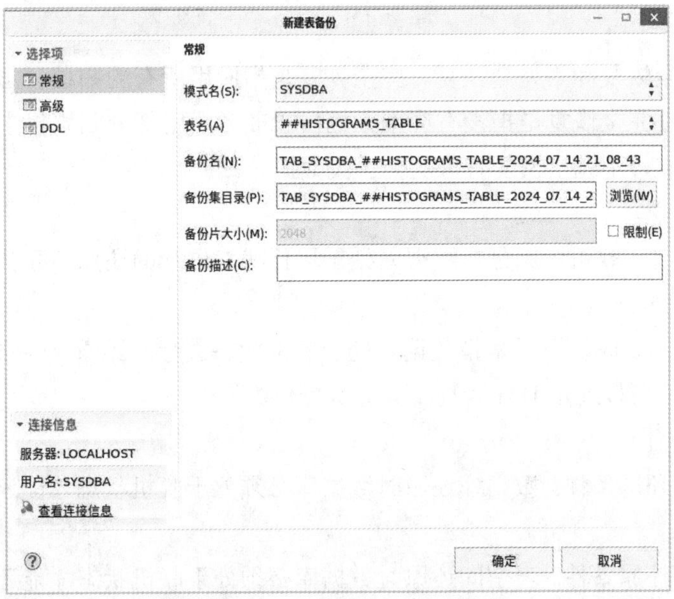

图 7.13 "新建表备份"对话框

任务小结

本任务完成了教务管理系统数据库脱机备份和联机备份，其中数据库联机备份完成了数据库备份、表空间备份、表备份的操作。联机备份时需要注意一定要保证数据库处于联机状态，且处于归档模式下，才能执行数据库备份操作。在一般的应用场景中，建议常规性地进行数据库维护工作，即在不影响数据库正常运行的情况下，定期执行联机数据库备份，且完全备份和增量备份结合使用。执行两次完全备份的时间间隔可以适当长一点，在两次完全备份之间执行一定数量的增量备份，比如，可以选择每周执行一次完全备份，一周内每天执行一次增量备份。为了尽量减少对数据库正常工作的影响，建议在工作量较少的时间进行备份。

任务 7.2 教务管理系统数据库还原恢复

任务描述

教务管理系统运行过程中数据库发生故障时，达梦数据库可以使用数据库脱机备份和联机备份生成的备份文件进行还原恢复操作，联机备份文件还原数据库时，需要数据库处于脱机状态，同时必须执行数据库恢复操作，还原恢复操作可以使用 DM 控制台工具完成。DM 仅支持表的联机还原，数据库、表空间和归档日志的还原必须通过脱机工具 DMRMAN 执行。本任务主要介绍数据库联机还原恢复。

知识准备

1. 还原

还原指读取备份的元数据文件的信息，将备份集的数据重新重组，生成数据库文件，放在指定的数据库路径。

2. 恢复

恢复分为完全恢复和不完全恢复。完全恢复是指应用所有的归档日志，将数据库恢复至最新的状态；不完全恢复是指没有应用归档日志或者应用部分归档日志，没有将数据库恢复到最新的状态，不完全恢复有可能会丢失数据。

3. 还原的分类

（1）联机还原。联机还原是指数据库处于运行状态进行的还原，可以通过 DM 管理工具完成操作。

（2）脱机还原。脱机还原是指数据库处于脱机状态进行的还原，还原的目标数据库必须处于关闭状态，可以通过 DM 管理工具完成操作。

4. 还原的条件

（1）数据库还原条件。数据库还原时数据库必须处于脱机状态才能还原成功，否则还原失败。

（2）表空间还原条件。表空间还原时数据库必须处于联机状态才能还原成功，否则还原失败。

（3）表还原条件。表还原时数据库必须处于联机状态，同时表还原操作包括了恢复操作。

任务实施

还原是备份的逆过程，即从备份集中读取数据页，并将数据页写入目标数据库对应数据文件相应位置的过程。由于联机备份时，系统中可能存在一些事务正在执行，并不能保证备份集中的所有数据页处于一致性状态；而脱机备份时，数据页不一定是正常关闭的，也不能保证备份集中所有数据页处于一致性状态。因此，还原结束后目标库有可能处于非一致性状态，不能马上提供数据库服务；必须进行数据库恢复操作后，才能正常启动。库还原就是根据库备份集中记录的文件信息重新创建数据库文件，并将数据页重新拷贝到目标数据库的过程。数据库还原包含 3 个动作：还原、恢复、数据库更新。

（1）关闭数据库。

在数据库安装目录的 bin 目录下使用命令 ./DmServiceDMSERVER stop 关闭数据库。可以使用 ./DmServiceDMSERVER status 命令查看数据库状态，出现 DmServiceDMSERVER is stoppped 提示信息表示数据库已经关闭。

（2）使用控制台工具进入 DM 控制台工具界面。

执行数据库还原恢复操作时必须保证数据库服务关闭，然后在桌面空白处右击，选择"在终端中打开"，打开数据库安装目录的 tool 目录下的 Console，执行 ./console 命令调用 DM 控制台工具，在 DM 控制台工具界面，单击左侧的"备份还原"选项，打开"备份还原"界面，然后单击右侧的"还原"按钮，如图 7.14 所示。

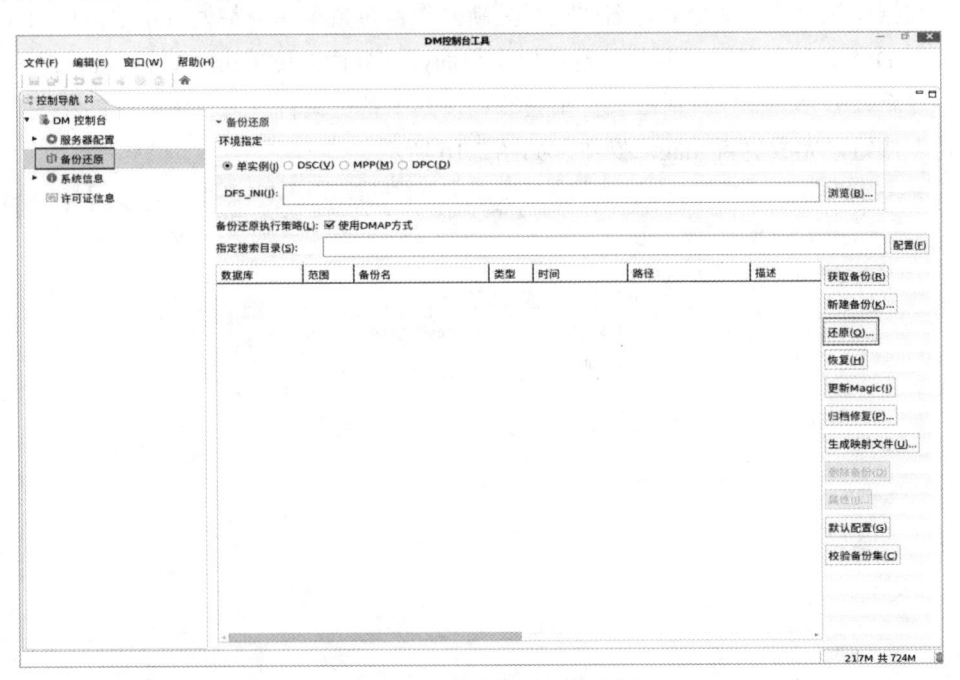

图 7.14 "备份还原"对话框

进入备份还原窗口设置相关参数，其中备份集目录为备份文件的路径，单击"确定"按钮完成还原操作。

（3）恢复操作。

在 DM 控制台工具打开"备份还原"界面，在界面右侧单击"恢复"按钮，进入"备份恢复"对话框设置相关参数,其中备份集目录为备份文件的路径,单击"确定"按钮完成恢复操作,如图 7.15 所示。

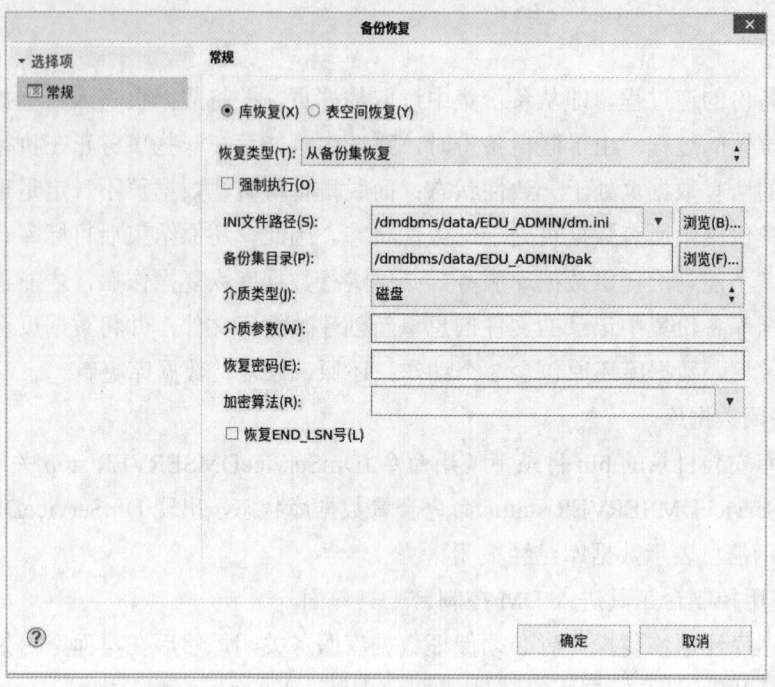

图 7.15 "备份恢复"对话框

(4)更新 DB_Magic。

在数据库执行恢复命令后,需要执行更新操作,将数据库调整为可正常工作的库才算完成。在 DM 控制台工具打开"备份还原"界面,在界面右侧单击"更新 Magic"按钮,进入"更新 DB_Magic"对话框设置相关参数,其中备份集目录为备份文件的路径,单击"确定"按钮,完成更新 Magic 操作,如图 7.16 所示。

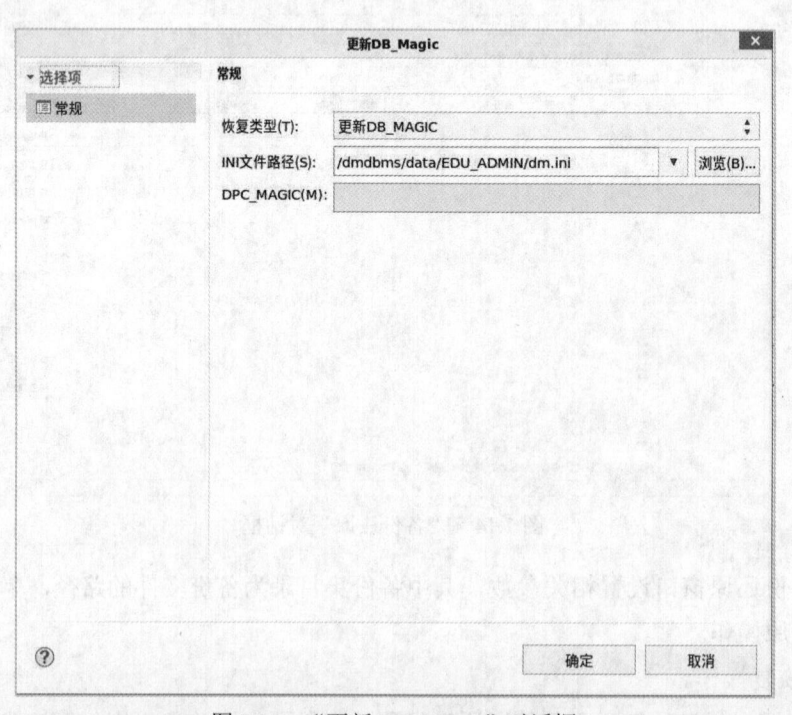

图 7.16 "更新 DB_Magic"对话框

任务小结

数据库还原恢复过程中,使用数据库脱机备份文件或联机备份文件恢复数据库时,都要保证数据库处于脱机状态,使用数据库备份文件还原恢复数据库一般包含数据库还原、数据库恢复、更新 DB_Magic 三个步骤。数据库还原恢复完成后,即可启动数据库服务。

任务 7.3 利用 SQL 语句备份还原教务管理系统数据库

任务描述

数据库备份还原也可借助 DMRMAN 工具和 DIsql 交互式工具,使用 DMRMAN 工具进行脱机备份还原,使用 DIsql 工具的 SQL 语句进行联机备份还原,用命令行操作方式完成数据库备份。

知识准备

1. DMRMAN 工具

DMRMAN(DM RECOVERY MANEGER)工具是达梦数据库的脱机备份还原管理工具,能够负责数据库级脱机备份、脱机还原、恢复等相关操作。

启动 DMRMAN:进入数据库安装目录下的 bin 目录下,执行 ./dmrman。

退出 DMRMAN:在启动后的控制台中输入 exit 命令。

2. DIsql 工具

DIsql 工具是达梦数据库的一个命令行客户端工具,用于与 DM 数据库服务器进行交互。启动之后,当出现 SQL>符号时,用户就可以利用 DM 提供的 SQL 语句和数据库进行交互操作。需要注意的是,在 DIsql 工具中 SQL 语句应以分号";"结束;对于执行语句块、创建触发器、存储过程、函数、包和模式等时需要用"/"结束。DIsql 工具位于 DM 数据库安装目录的 bin 子目录下,例如,DM 数据库的安装目录为 D:\dmdbms,则 DIsql 工具位于 D:\dmdbms\bin\DIsql.exe。双击启动,然后输入用户名、密码,就可登录到本地 DM 数据库,密码不会回显到屏幕上。也可以在 DIsql 界面中直接按 Enter 键输入默认值,默认值为 SYSDBA/SYSDBA。

3. 数据库脱机备份

数据库脱机备份语法格式如下:

```
backup database '<ini 文件路径>'
[full|increment[with backupdir '<基备份搜索目录>'{,'<基备份搜索目录>'}]
[base on backupset '<基备份集目录>'][use pwr]][to<备份名>]
[backupset '<备份集目录>']
[device type<介质类型>[parms '<介质参数>']]
[backupinfo '<备份描述>']
[maxpiecesize<备份片限制大小>]
[identified by <密钥>[with encryption<type>][encrypt with<加密算法>]]
[compressed [level<压缩级别>]][parallel[<并行数>]];
```

语法说明如下:

- ini 文件路径:待备份目标数据库配置文件 dm.ini 的路径。

- full|increment：备份类型，full 表示完全备份，increment 表示增量备份。
- 基备份集目录：用于增量备份，为增量备份指定基备份集目录。
- 备份名：指定生成备份的名称。若未指定，则系统随机生成，默认备份名的格式为 DB_备份类型数据库名_备份时间。
- 备份集目录：指定当前备份集生成的目录，若未指定，则在默认备份目录中生成备份集。

4. **数据库联机备份**

数据库联机备份语法格式如下：

```
backup database[<备份类型>] [<指定备份集子句>] [to <备份名>]
[backupset '<备份集路径>']
[device type <介质类型> [parms '<介质参数>']]
[backup info '<备份描述>']
[maxpiecesize <备份片限制大小>]
[limit <read_limit>|<write_limit>]
[identified by <密码>|"<密码>"
[with encryption <type>][encrypt with <加密算法>]]
[compressed [level <压缩级别>]] [without log][without mirror]
[trace file '<trace 文件名>'] [trace level <trace 日志级别>]
[task thread <线程数>][parallel [<并行数>] [read size <拆分块大小>]];
<备份类型>::= full|
             [full] ddl_clone|
             [full] shadow|
             increment <increment_statement>
<increment_statement>::= [from lsn <lsn>] | <inc_sub_statement>
<inc_sub_statement>::= [cumulative][<指定基备份子句>]
<指定基备份子句>::= base on backup set '<基备份目录>'
<指定备份集子句>::= with backupdir '<备份集搜索路径>'{,'<备份集搜索路径>'}
<read_limit>::= read speed <读速度上限> [write speed <写速度上限>]
<write_limit>::= write speed <写速度上限>
```

语法说明如下：

- 备份类型：分为完全备份 full 和增量备份 increment 两种，默认为 full。

1）full：表示完全备份。完全备份生成的备份集包含了指定库（或者表空间）的全部有效数据页。在完全备份中又可以具体指定为 ddl_clone 或 shadow，此时无须指定为 full。ddl_clone 或 shadow 备份的内容是完全备份的子集。

①ddl_clone：数据库克隆。该参数只能用于完全备份，表示仅复制所有的元数据不复制数据。如对于数据库中的表来说，只备份表的定义不备份表中数据。表空间和表备份不支持该参数。数据库克隆必须备份日志。

②shadow：影子备份。该参数只能用于完全备份，表示生成影子备份集，只备份源库的 SYSTEM.DBF 及日志相关信息。表空间和表备份不支持该参数。影子备份必须备份日志。

2）increment：increment 表示增量备份，若要执行增量备份必须指定该参数。

- to：指定生成备份名称。若未指定，系统随机生成，默认备份名格式为 DB_备份类型_备份时间。其中，备份时间为开始备份时的系统时间。
- backupset：指定当前备份集生成目录。
- backup info：备份的描述信息，最大不超过 256 字节。
- maxpiecesize：最大备份片文件大小上限，以 MB 为单位，最小 128MB，32 位系统最大 2GB，64 位系统最大 128GB。默认为最大取值。

- limit：指定备份时最大的读写文件速度，单位为 MB/s，默认为 0，表示无速度限制。
- identified by：指定备份时的加密密码。密码可以用双引号括起来，这样可以避免一些特殊字符通不过语法检测。密码的设置规则遵行 ini 参数 pwd_policy 指定的口令策略。
- with encryption：指定加密类型，取值范围为 0、1、2。0 表示不加密，不对备份文件进行加密处理；1 表示简单加密，对备份文件设置口令，但文件内容仍以明文方式存储；2 表示完全数据加密，对备份文件进行完全的加密，备份文件以密文方式存储。默认值为 1，当不指定 with encrytion 子句时，采用简单加密。
- encrypt with：指定加密算法。当不指定 encrypt with 子句时，使用 AES256_CFB 加密算法。
- compressed：是否对备份数据进行压缩处理。level 表示压缩等级，取值范围为 0～9，其中 0 表示不压缩；1 表示 1 级压缩；9 表示 9 级压缩。压缩级别越高，压缩速度越慢，但压缩比越高。若指定 compressed，但未指定 level，则压缩等级默认 1；若未指定 compressed，则默认不进行压缩处理。
- without log：联机数据库备份是否备份联机日志。如果使用，则表示不备份，否则表示备份。如果使用了 without log 参数，则使用 DMRMAN 工具还原时，必须指定 with archivedir 参数。
- without mirror：联机数据库备份是否备份镜像文件。如果使用，则表示不备份，否则表示备份。
- trace file：指定生成的 trace 文件。启用 trace，但不指定 trace file 时，默认在达梦数据库系统的 log 目录下生成 DM_SBTTRACE_年月.log 文件；若使用相对路径，则生成在执行码同级目录下；若用户指定 trace file，则指定的文件不能为已经存在的文件，否则报错。trace file 不可以作为 ASM 文件。
- trace level：是否启用 trace。有效值为 1、2，默认为 1，表示不启用 trace，此时若指定了 trace file，会生成 trace 文件，但不写入 trace 信息；值为 2 时启用 trace 并在 trace 文件中写入 trace 相关内容。
- taskt hread：备份过程中数据处理过程线程的个数，取值范围为 0～64，默认为 4。若指定为 0，则调整为 1；若指定超过当前系统主机核数，则调整为主机核数。线程数（task thread）×并行数（parallel）不得超过 512。
- parallel：指定并行备份的并行数和拆分块大小。
- from lsn：用于增量备份，指定备份的起始 lsn。起始 lsn 必须小于等于检查点 lsn，用户可以手动刷新检查点 lsn。仅支持库级增量备份。
- cumulative：用于增量备份，指明为累积增量备份类型，若不指定则默认为差异增量备份类型。
- with backupdir：用于增量备份，指定基备份的搜索目录，最大长度为 256 字节。
- base on backupset：用于增量备份，指定基备份集路径。
- read speed：备份时读速度上限，取值范围为 0～2147483647，单位为 MB/s，0 表示无限制。
- write speed：备份时写速度上限，取值范围 0～2147483647，单位为 MB/s，0 表示无限制。

5. SQL 语句联机修改数据库模式和配置归档

修改数据库模式语法格式如下：

```
alter database <修改数据库子句>;
<修改数据库子句>::=
    <数据库状态> |
    <add | modify | delete> archivelog <归档配置语句> |
    archivelog current
<数据库状态>::=
    mount |
    suspend |
    open [force] |
    normal |
    primary|
    standby |
    archivelog |
    noarchivelog
```

语法说明如下：

- <数据库状态>：支持修改数据库状态为 mount、suspend、open、normal、primary、standby、archivelog、noarchivelog。其中，archivelog 表示开启归档模式，noarchivelog 表示关闭归档模式。指定 open 时支持指定 force，表示强制 open 数据库。
- add：增加归档。
- modify：修改归档，支持修改已有归档的配置参数，不建议修改归档类型。
- delete：删除归档，不允许删除本地归档。
- archivelog curren：把新生成的、还未归档的联机日志都进行归档。

配置归档语法格式如下：

```
<归档配置语句>::= 'dest = <归档目标>, type = <归档类型>'
<归档类型>::=
    local [<文件和空间限制设置>][,arch_flush_buf_size = <归档合并刷盘缓存大小>][, hang_flag=<0|1>] |
    remote,incoming_path = <远程归档路径> |
<文件和空间限制设置>::=[,file_size = <文件大小>][,space_limit = <空间大小限制>]
```

语法说明如下：

- 仅 mount 状态 normal 模式下才能开启/关闭归档模式。
- 添加、修改或删除归档前，必须开启归档模式。
- <文件和空间限制设置>：space_limit 和 file_size 两项，在 mount 状态 normal 模式或 open 状态下均可被修改；除此之外的归档配置操作仅允许在 mount 状态 normal 模式下进行。
- 增加远程归档之前，必须先配置本地归档。
- 联机备份时，关闭已配置的本地归档之后再重新打开，会造成归档文件中部分日志缺失，备份时检查归档文件连续性时将会报错。存在该类操作时，若要避免该错误，备份前需要调用 checkpoint(100)主动刷新检查点。

联机配置归档的步骤如下：

（1）修改数据库为 mount 状态 normal 模式，并开启归档模式。

（2）增加、修改或删除归档。

（3）修改数据库为 open 状态。

例：配置归档相关操作。

```
//修改数据库为 mount 状态 normal 模式，并开启归档模式
alter database mount;
alter database normal;
alter database archivelog;
//配置本地归档
alter database add archivelog 'dest=/dmdata/dameng/arch_dsc0, type=local, file_size=1024,space_limit=2048,arch_flush_buf_size=16,hang_flag=1';
//配置远程归档（dmdsc 环境下配置）
alter database add archivelog 'dest=dsc1, type=remote,incoming_path=/dmdata/dameng/arch_dsc1';
//修改数据库为 open 状态
alter database open;
```

6. 表空间备份

表空间备份语法格式如下：

```
backup tablespace <表空间名>
[full | increment <increment_statement>] [<指定备份集子句>]
[to <备份名>]
[backupset '<备份集路径>']
[device type <介质类型> [parms '<介质参数>']]
[backup info '<备份描述>']
[maxpiecesize <备份片限制大小>]
[limit <read_limit>|<write_limit>]
[identified by <密码>|"<密码>"
[with encryption<type>][encrypt with <加密算法>]]
[compressed [level <压缩级别>]][without log][without mirror]
[trace file '<trace 文件名>']
[trace level <trace 日志级别>]
[task thread <线程数>][parallel [<并行数>][read size <拆分块大小>]];
```

语法说明如下：

- 表空间名：指定备份的表空间名称（除了 TEMP 表空间）。
- full：备份类型。full 表示完全备份，可不指定，默认为完全备份。
- increment：表示增量备份，若要执行增量备份必须指定该参数。
- to：指定生成备份名称。若未指定，系统随机生成，默认备份名格式为：TS_备份类型_备份时间。其中，备份时间为开始备份的系统时间。
- backupset：指定当前备份集生成路径。若指定为相对路径，则在数据库的默认备份目录中生成备份集。若不指定，则在数据库的默认备份目录下以约定规则生成默认的表空间备份集目录。

7. 表备份

表备份语法格式如下：

```
backup table <表名> [to <备份名>] [backupset '<备份集路径>']
[device type <介质类型> [parms '<介质参数>']]
[backup info '<备份描述>']
[maxpiecesize <备份片限制大小>] [limit <read_limit>|<write_limit>]
[identified by <密码>|"<密码>"
[with encryption <type>][encrypt with <加密算法>]]
[compressed [level <压缩级别>]]
```

[trace file '<trace 文件名>']
[trace level <trace 日志级别>];
<read_limit>::= read speed <读速度上限> [write speed <写速度上限>]
<write_limit>::= write speed <写速度上限>

语法说明如下：
- table：指定备份的表，只能备份用户表。
- backupset：指定当前备份集生成路径。若指定为相对路径，则在数据库的默认备份目录中生成备份集。若不指定具体备份集路径，则在数据库的默认备份目录下以约定规则生成默认的表备份集目录。表备份默认备份集目录名生成规则为 TAB_表名_BTREE_时间，如 TAB_T1_BTREE_20180518_143057_123456。表明该备份集为 2018 年 5 月 18 日 14 时 30 分 57 秒 123456 毫秒时生成的表名为 T1 的表备份集。若表名过长，且备份集目录完整名称长度大于 128 字节，将直接报错路径过长。

8. 数据库还原恢复

数据库还原恢复语法格式如下：

restore database '<ini 文件路径>' frombackupset '<备份集目录>'
[device typedisk|tape[parms '<介质参数>']]
[identified by<密钥>[encrypt with<加密算法>]]
[withbackupdir'<基备份集搜索目录>'{,'<基备份集搜索目录>'}]
[mapped file <映射文件>]J[taskthread<任务线程数>][notparallel];

语法说明如下：
- ini 文件路径：目标还原数据库配置文件 dm.ini 的路径。
- 备份集目录：指定待还原的备份集目录。

任务实施

1. 教务管理系统数据库脱机备份

使用工具 DMRMAN 进行备份。

备份到默认路径：

rman> backup database '/dmdbms/data/dameng/dm.ini';

备份到指定路径：

rman> backup database '/dmdbms/data/dameng/dm.ini'
backupset '/dmdbms/backup/edu_admin_bak';

2. 教务管理系统数据库联机备份

步骤 1：使用 DIsql 工具数据库备份。

（1）归档模式配置。

sql>alter database mount;
sql>alter database archivelog;
sql>alter database add archivelog 'dest=/dmdbms/edu_admin, type=local, file_size=64, space_limit=0, arch_flush_buf_size=0';
sql>alter database open;

（2）数据库备份。

备份到指定路径：

sql> backup database full backupset'/dmdbams/backup/full4';

备份到默认路径：

sql> backup database full;

步骤 2：使用 DIsql 工具表空间备份。

备份到指定路径：

sql> backup tablespace edu_space full
backupset '/dmdbms/backup/edu_space_bak';

备份到默认路径：

sql> backup tablespace edu_space full;

步骤 3：使用 DIsql 工具表备份。

backup table student backupset '/dmdbms/backup/student_bak';

3. 教务管理系统数据库还原与恢复

使用工具 DMRMAN 进行还原恢复。

（1）数据库还原。

rman> restore database '/dmdbms/data/dameng/dm.ini'
from backupset '/dmdbms/backup/edu_admin_bak';

（2）数据库恢复。

rman> recover database '/dmdbms/data/dameng/dm.ini'
with archivedir '/dmdbms/backup/edu_admin_bak';

（3）更新 DB_Magic。

rman> recover database '/dmdbms/data/dameng/dm.ini' update db_magic;

任务小结

本任务主要学习如何利用 DMRMAN 工具和 DIsql 工具进行数据库备份还原操作，介绍数据库备份还原、表空间备份还原、表备份还原的基本语法格式，说明语法中的各个参数，学习在 DMRMAN 工具和 DIsql 工具中使用 backup 语句进行备份还原。

习 题 7

1. 简述备份与还原的概念、意义、分类。
2. 简述完全备份与增量备份的优缺点。
3. 简述物理还原的特点。

单元 8　达梦数据库用户管理

单元导读

用户管理是达梦数据库管理的核心和基础。用户是达梦数据库的基本访问控制机制，当用户连接到达梦数据库时，需要进行用户标识与鉴别。在默认情况下，连接数据库必须提供用户名和口令，只有合法、正确的用户才能登录到数据库，并且该用户在数据库中的数据访问活动也应有一定的权限和范围。本单元主要介绍创建用户、修改用户、删除用户、用户权限管理等操作，可以通过达梦数据库管理工具或 SQL 命令来完成相应操作。

角色是一组权限的集合，能够简化达梦数据库的用户和权限管理。数据库管理员可以通过指定特定的角色来为用户或角色授权，授权具有强大的可操作性和可管理性。角色可以分配更多的权限，也可以根据需要撤销相应的权限。

通过教学提升学生的安全意识和法律意识，培养安全、守法的高素质人才。

品德塑造

通过用户创建、权限分配及角色定义等操作，强调技术赋权与社会责任的辩证统一，例如基于最小权限原则设置访问控制，既体现《中华人民共和国个人信息保护法》对数据使用的约束，也传递"权力源于规则，责任伴随权利"的法治思维。在角色分级管理中，可诠释技术工具如何避免权力滥用、保障公共事务透明性，呼应"以人民为中心"的发展理念。引导学生理解用户管理不仅是技术配置，更是守护数据主权的重要防线。最终将权限配置的逻辑严谨性升华为"用代码构筑信任边界，以规则捍卫数字正义"的职业伦理，塑造学生在数字时代的技术使命感与公共精神。

单元目标

知识目标

- 理解用户和权限的管理机制。
- 掌握创建和管理用户的方法。
- 掌握创建和管理角色的方法。
- 掌握权限的授予与撤销方法。

能力目标

- 能根据需要创建和管理用户。
- 能根据需要授予和回收权限。
- 能根据需要创建和管理角色。

素养目标

- 培养科学严谨、标准规范的职业素养。
- 培养认真细致、一丝不苟的工作态度。
- 培养遵守职业操守意识和道德底线意识，强化责任意识和安全意识。

任务 8.1　创建和管理用户

任务描述

教务管理系统管理的事务较为繁杂，可能需要一些临时人员或不同权限人员参与实际管理，所以需要在系统中对用户进行创建、修改、删除和权限管理操作，例如，在教务管理系统数据库中创建和管理 EDU_USER 等用户。

知识准备

1. 用户介绍

数据库管理系统在创建数据库时会自动创建一些用户，如 DBA、SSO、AUDITOR 等，这些用户用于数据库的管理。

（1）数据库管理员（DBA）。每个数据库至少需要一个 DBA 来管理，DBA 可能是一个团队，也可能是一个人。在不同的数据库系统中，数据库管理员的职责可能会有比较大的区别，总体而言，数据库管理员的职责主要包括：

1）评估数据库服务器所需的软硬件运行环境。
2）安装和升级 DM 服务器。
3）数据库结构设计。
4）监控和优化数据库的性能。
5）计划和实施备份与故障恢复。

部分应用对数据库的安全性有很高的要求，传统的数据库由 DBA 一人拥有所有权限并承担所有职责的安全机制，可能无法满足企业的实际需要，此时数据库安全员和数据库审计员两类管理用户就显得异常重要，他们对于限制和监控数据库管理员的所有行为起着至关重要的作用。

（2）数据库安全员（SSO）。数据库安全员的主要职责是制定并应用安全策略，强化系统安全机制。其中，数据库安全员用户 SYSSSO 在达梦数据库初始化的时候就已经存在了，该用户可以再创建新的数据库安全员。

用户 SYSSSO 或新的数据库安全员均可以制定自己的应用安全策略，在应用安全策略中定义安全级别、范围和组，然后基于定义的安全级别、范围和组创建安全标记，并将安全标记分别应用于主体（用户）和客体（各种数据库对象，如表、索引等），以便启用强制访问控制功能。

数据库安全员不能对用户数据进行增加、删除、修改、查询，也不能执行普通的 DDL 操作，如创建表、创建视图等。他们只负责制定安全机制，将合适的安全标记应用于主体和客体，通过这种方式可以有效地对 DBA 的权限进行限制，DBA 此后就不能直接访问添加安全标记的数据了，除非数据库安全员给 DBA 也设定了与之匹配的安全标记，DBA 的权限受到了有效约束。数据库安全员也可以创建和删除新的数据库安全员，并向这些数据库安全员授予和回收安全相关的权限。

（3）数据库审计员（AUDITOR）。在达梦数据库中，数据库审计员的主要职责就是创建和删除数据库审计员、设置/取消对数据库对象和操作的审计设置、查看和分析审计记录等。为了能够及时找到 DBA 或其他用户的非法操作，在达梦数据库系统建设初期，就由数据库审计员（SYSAUDITOR 或其他由 SYSAUDITOR 创建的数据库审计员）来设置审计策略（包括审计对象和操作），在需要时数据库审计员也可以查看审计记录，及时分析并查找出违规者，严格守护数据安全。

（4）数据库对象操作员（DBO）。数据库对象操作员是在达梦数据库采用"四权分立"机制下，基于原有的数据库管理员、数据库安全员、数据库审计员新增加的一类用户，可以创建数据库对象，对自己拥有的数据库对象（如表、视图、存储过程、序列、包、外部链接等）有所有的权限，并且可以授予和回收数据库对象权限，但无法管理与维护数据库对象权限。

2．创建用户

创建用户语法格式如下：

```
create user <用户名> identified <身份验证模式>
[password_policy<口令策略>][<空间限制子句>][<资源限制子句>]
[<允许时间子句>][<禁止时间子句>]
[<tablespace 子句>];
```

说明：创建用户的命令是 create user，创建用户涉及的内容包括为用户指定用户名、认证模式、口令、口令策略、空间限制、只读属性及资源限制。其中，用户名是代表用户账号的标识符，长度为 1～128 个字符；用户名可以用双引号括起来，也可以不用，用户名可以以字母、数字、符号开头（A～Z、a～z、0～9、$#_），但如果用户名以数字开头，则必须用双引号括起来。

各子句说明如下：

```
<身份验证模式>::=<数据库身份验证模式><外部身份验证模式>
<数据库身份验证模式>::= by <口令>
<外部身份验证模式>::= externally|externally as <用户 dn>
<口令策略>::=口令策略项的任意组合
<空间限制子句>::= diskspace limit <空间大小>| diskspace unlimited
<资源限制子句>::= limit <资源设置项> {,<资源设置项>}
<资源设置项>::= session_per_user <参数设置>|
connect_idle_time <参数设置>|
connect_time <参数设置>|
cpu_per_call <参数设置>|
cpu_per_session <参数设置>|
mem_space <参数设置>|
read_per_call <参数设置>|
read_per_session <参数设置>
failed login attemps <参数设置>|
password_life_time <参数设置>|
password_reuse_time <参数设置>|
<参数设置>::=<参数值>| unlimited
<tablespace 子句>::=default  tablespace <表空间名>
```

示例：创建用户名为 BOOK_USER、口令为 dameng123、默认表空间为 main 的用户。

```
create user book_user identified by dameng123 default tablespace main;
```

3．修改用户

修改用户语法格式如下：

```
alter user <用户名>
[identified <身份验证模式>]
[password_policy <口令策略>][<空间限制子句>][<资源限制子句>]
[<允许时间子句>][<禁止时间子句>]
[<tablespace 子句>];
```

在实际应用的某些场景下需要修改达梦数据库中用户的信息，如修改或重置用户口令、用户权限变更等。修改用户口令的操作一般由用户自己完成，SYSDBA、SYSSSO、SYSAUDITOR 用户可以无条件地修改同种类型用户的口令；普通用户只能修改自己的口令，如果需要修改其他用户的口令，必须具有 alter user 数据库权限。在修改用户口令时，口令策略应符合创建该用户时指定的口令策略。

使用 alter user 语句可以修改用户口令、空间限制、只读属性及资源限制等，但系统固定用户的系统角色和资源限制不能被修改。

每个子句的具体语法和创建用户的语法一致。

示例：修改用户 BOOK_USER 的登录口令为 123456789。

```
alter user book_user identified by 123456789;
```

4. 删除用户

删除用户具体语法格式如下：

```
drop user <用户名>;
```

语法说明：

drop：删除关键字。

user：要删除的对象类型。

< >：表示实际应用时，其里面的内容是需要替换的。

当某个用户不再需要访问数据库系统时，应将这个用户及时地从数据库系统中删除，否则可能会有安全隐患。

删除用户的操作一般由 SYSDBA、SYSSSO、SYSAUDITOR 用户完成，他们可以删除同种类型的其他用户。普通用户需要具有 drop user 权限才能删除其他用户。

示例：删除用户 BOOK_USER。

```
drop user book_user;
```

5. 权限管理

用户权限有两类：数据库权限和对象权限。数据库权限主要是指对数据库对象的创建、删除、修改的权限，以及对数据库的备份等权限。对象权限主要是指对数据库对象中数据的访问权限。数据库权限一般由 SYSDBA、SYSAUDITOR、SYSSSO 用户指定，也可以由具有特权的其他用户授予。对象权限一般由数据库对象的所有者授予用户，也可以由 SYSDBA 用户指定，或者由具有该对象权限的其他用户授予。

（1）数据库权限管理。数据库权限是与数据库安全相关的重要权限，其权限范围非常广泛，因而一般被授予数据库管理员或一些具有管理功能的用户。达梦数据库提供了 100 余种数据库权限，表 8.1 为常用的数据库权限。

表 8.1 常用的数据库权限

用户权限	说明
create table	在自己的模式中创建表的权限
create view	在自己的模式中创建视图的权限
create user	创建用户的权限
create index	在自己的模式中创建索引的权限
create procedure	在自己的模式中创建存储过程的权限

续表

用户权限	说明
create trigger	在自己的模式中创建触发器的权限
alter database	修改数据库的权限
alter user	修改用户的权限
alter table	修改表的权限
insert table	插入表记录的权限
update table	更新表记录的权限
delete table	删除表记录的权限
select table	查询表记录的权限
dump table	导出表的权限
grant table	向其他用户进行表上权限授予的权限
drop table	删除表的权限

数据库权限的管理是指使用 grant 语句进行授权,使用 revoke 语句回收已经授予的权限。

数据库权限的授予语句语法格式如下:

grant <特权> to <用户>[,<用户>][with admin option];
<特权>::=<数据库权限>[,<数据库权限>...]
<用户>::=<用户名>

说明如下:

1) 授权者必须具有对应的数据库权限和转授权。

2) 接受者必须与授权者的用户类型一致。

3) 如果有 with admin option 选项,则接受者可以将这些权限转授给其他用户。

示例:授予用户 BOOK_USER 查询 STUDENT 表的权限。

grant select on edu_user.student to book_user;

回收数据库权限的语句语法如下:

revoke [admin option for] <特权> from <用户>[,<用户>];
<特权>::=<数据库权限>[,<数据库权限>]
<用户>::=<用户名>

说明如下:

1) 权限回收者必须是具有回收相应数据库权限和转授权的用户。

2) admin option for 选项的含义是取消用户的转授权,但是权限不会回收。

示例:从用户 BOOK_USER 处回收查询 STUDENT 表的权限。

revoke select on edu_user.student from book_user;

(2) 对象权限管理。对象权限主要是对数据库对象中数据的访问权限,主要授予需要对某个数据库对象的数据进行操作的数据库普通用户。表 8.2 为常用的数据库对象权限。

select、insert、delete 和 update 权限分别是针对数据库对象中数据的查询、插入、删除和修改的权限。对于表和视图来说,删除是整行进行的,而查询、插入和修改可以在一行的某个列上进行,所以在指定权限时,delete 权限只需要指定所要访问的表,而 select、insert、 update 权限还需要进一步指定是对哪个列的权限。

表 8.2 常用的数据库对象权限

数据库对象类型 对象权限	表	视图	存储程序	包	类	类型	序列	目录	域
select	√	√					√		
insert	√	√							
delete	√	√							
update	√	√							
references	√								
dump	√								
execute			√	√	√	√		√	
read								√	
write								√	
usage									√

表对象的 references 权限是指可以与一个表建立关联关系的权限，如果具有 references 权限，当前用户就可以通过自己表中的外键与该表建立关联。关联关系是通过主键和外键进行的，在授予 references 权限时，可以指定表中的列，也可以不指定。存储程序等对象的 execute 权限是指可以执行这些对象的权限。有了 execute 权限，一个用户就可以执行另一个用户的存储程序、包、类等的相关操作。

目录对象的 read 权限和 write 权限是指可以读访问或写访问某个目录对象的权限。

域对象的 usage 权限是指可以使用某个域对象的权限。拥有某个域对象的 usage 权限的用户可以在定义或修改表时为表列声明使用这个域对象。

当一个用户获得另一个用户的某个对象的访问权限后，可以"模式名.对象名"的形式访问这个数据库对象。一个用户所拥有的对象和可以访问的对象是不同的，这一点在数据字典视图中有所反映。在默认情况下，用户可以直接访问自己模式中的数据库对象，但是要访问其他用户所拥有的对象，就必须具有相应的对象权限。

对象权限的授予一般由对象的所有者完成，也可以由 SYSDBA 用户或具有某个对象权限且具有转授权的用户授予，但最好由对象的所有者授予。

与数据库权限管理类似，对象权限的授予和回收也是使用 grant 语句和 revoke 语句实现的。

对象权限的授予语句语法如下：

grant <特权> on [对象类型] <对象> to <用户>[,<用户>,...][with grant option];

各子句说明如下：

<特权>::= all privileges |<动作>[,<动作>,...]
<动作>::=select [(<列清单>)]|insert [(<列清单>)]|update [(<列清单>)]
references [(<列清单>)]|execute|read|write|usage
<列清单>::=<列名>[,<列名>,...]
<对象类型>::=table | view | procedure | package | class | type | sequence | directory | domain
<对象>::=[<模式名>.]<对象名>
<对象名>::=<表名>|<视图名>|<存储过程/函数名>|<包名>|<类名>|<类型名>|<序列名>|<目录名>|<域名>
<用户>::=<用户名>

使用说明如下：

1）授权者必须是具有对应对象权限及其转授权的用户。

2）若未指定对象的<模式名>，则模式为授权者所在的模式。directory 为非模式对象，即没有模式。

3）若设定了对象类型，则该对象类型必须与对象的实际类型一致，否则会报错。

4）带 with grant option 授予权限给用户时，接受权限的用户可转授权此权限。

5）不带列清单授权时，如果对象上存在同类型的列权限，会全部自动合并。

6）对于用户所在模式的表，用户具有所有权限而不需要特别指定。

当授权语句中使用了 all privileges 时，会将指定的数据库对象上所有的权限授予被授权者。

数据库对象权限的回收语句语法如下：

```
revoke [grant option for ] <特权>
on [<对象类型>] <对象>
from <用户或角色>[,<用户>,...][<回收选项>];
```

各子句说明如下：

<特权>::= all [privileges]|<动作>[,<动作>,...]
<动作>::= select | insert | update | delete | references | execute | read | write | usage
<对象类型>::= table | view | procedure | package | class | type | sequence | directory | domain
<对象>::=[<模式名>.]<对象名>
<对象名>::=<表名>|<视图名>|<存储过程／函数名><包名><类名><类型名><序列名><目录名><域名>
<用户>::=<用户名>
<回收选项>::= restrict|cascade

使用说明如下：

1）权限回收者必须是具有回收相应对象权限及转授权的用户。

2）权限在回收时不能带列清单，若对象上存在同种类型的列权限，则其一并被回收。

3）使用 grant option for 选项的目的是回收用户或角色权限的转授权，但不回收用户或角色的权限；另外，grant option for 选项不能和 restrict 选项一起使用，否则会报错。

4）在回收权限时，设定不同的回收选项，意义不同。

不设定回收选项，则无法回收权限授予时带 with grant option 的权限，但也不会检查要回收的权限是否存在限制。

若设定为 restrict 选项，则无法回收权限授予时带 with grant option 的权限，也无法回收存在限制的权限，如角色上的某个权限被别的用户用于创建视图等。

若设定为 cascade 选项，则可回收权限授予时带或不带 with grant option 的权限，若带 with grant option，则会引起级联回收。在利用此选项时也不会检查权限是否存在限制。另外，利用此选项进行级联回收时，若被回收对象上存在另一条路径授予同样的权限给该对象，则仅需要回收当前权限。

任务实施

1. 创建用户

（1）使用达梦数据库管理工具创建用户。

【子任务 8-1】创建一个名为 EDU_USER 的用户，口令为 user_pwd。

步骤 1：登录达梦数据库管理工具后，右击对象导航页面的"用户"节点下的"管理用户"，在弹出的快捷菜单中单击"新建用户"选项，如图 8.1 所示。

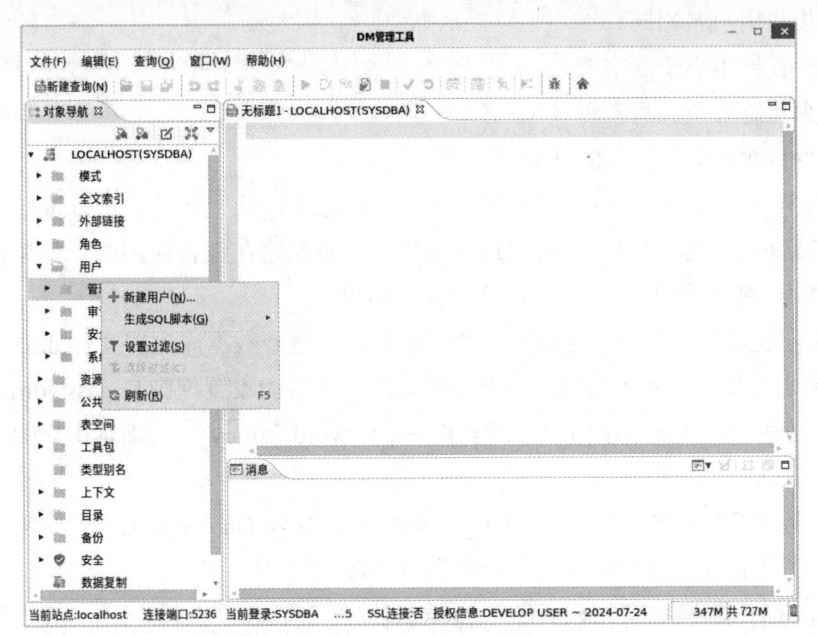

图 8.1　登录达梦数据库管理工具

步骤 2：在弹出的图 8.2 所示的"新建用户"对话框中，在"用户名"文本框中设置名称为 EDU_USER，注意字母大小写；在"密码"文本框中设置用户密码，在"密码确认"文本框中再次输入密码；在表空间右侧下拉菜单中，选择用户所属的表空间。单击"确定"按钮，完成 EDU_USER 用户的创建。

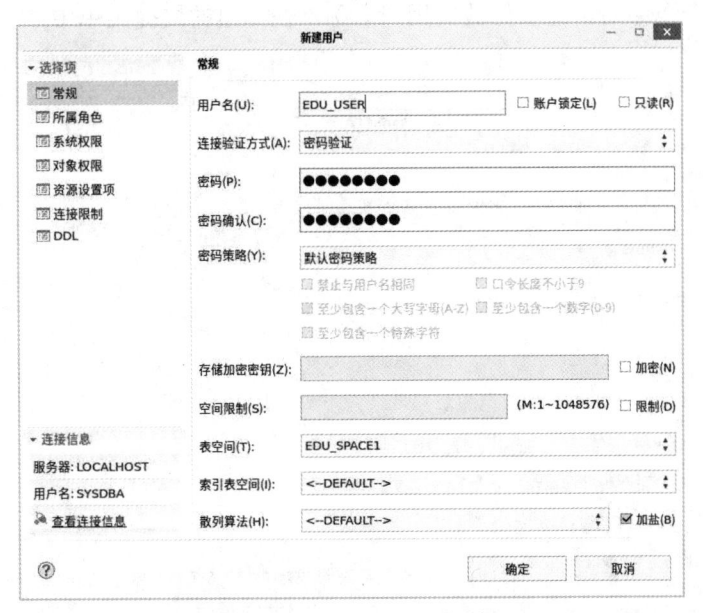

图 8.2　"新建用户"对话框

（2）使用 SQL 语句创建用户。

【子任务 8-2】创建用户名为 EDU_USER1、口令为 user1_pwd、会话超时 3 分钟的用户。

create user edu_user1 identified by user1_pwd limit connect_time 3;

(3) 用户口令策略。用户口令最长为 48 字节，创建用户语句中的 password policy 子句用来指定该用户的口令策略，系统支持的口令策略如下。

0：无策略。

1：禁止与用户名相同。

2：口令长度不小于 9 字节。

4：至少包含一个大写字母（A～Z）。

8：至少包含一个数字（0～9）。

16：至少包含一个标点符号（在英文输入法状态下，除空格外的所有符号）。

口令策略可以单独应用，也可以组合应用。口令策略在组合应用时，如果需要应用策略 2 和策略 4，则设置口令策略为 6（2+4=6）即可。

除了在创建用户语句中指定该用户的口令策略，达梦数据库配置文件 dm.ini 中的参数 pwd_policy 也可以指定系统的默认口令策略，其参数值的设置规则与 password policy 子句一致，默认值为 2。若在创建用户时没有使用 password policy 子句指定用户的口令策略，则使用系统默认的口令策略。

【子任务 8-3】创建用户名为 EDU_USER2、口令为 Dameng123、口令策略为口令长度不小于 9 字节并且口令中至少包含一个大写字母的用户。

create user edu_user2 identified by Dameng123 password_policy 6;

2. 修改用户

（1）使用达梦数据库管理工具修改用户。

【子任务 8-4】修改用户 EDU_USER1 的登录口令为 test123，口令登录错误 5 次，锁定账户。

步骤 1：登录达梦数据库管理工具后，单击对象导航页面的"用户"节点下的"管理用户"，在下拉菜单中右击需要修改的用户名称，在弹出的快捷菜单中单击"修改"选项，如图 8.3 所示。

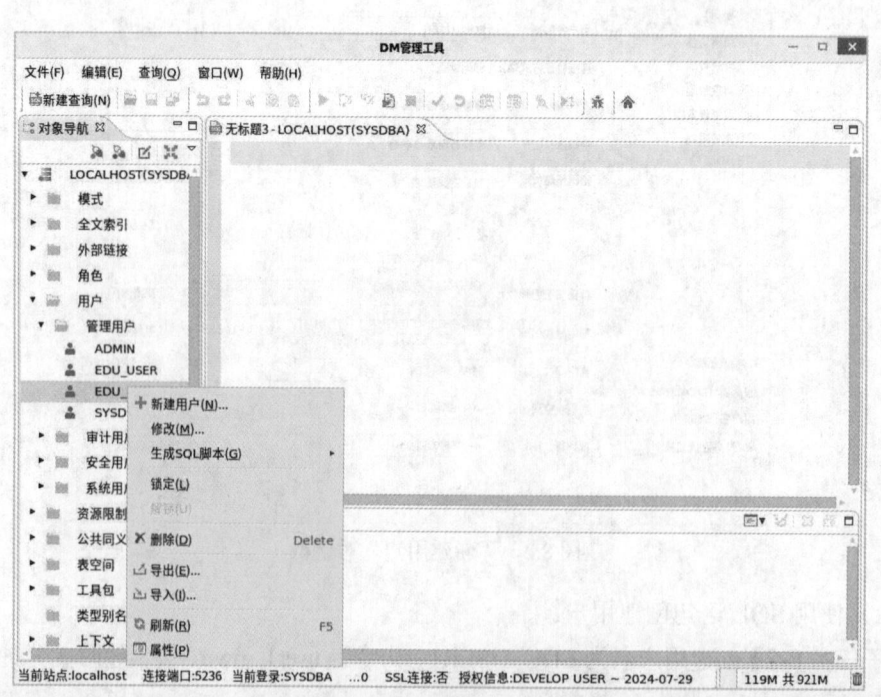

图 8.3 "修改"选项

步骤 2：在弹出的图 8.4 所示的"修改用户"对话框中，在"密码"文本框中重新设置用户密码，在"密码确认"文本框中再次输入密码；选择"资源设置项"，在"登录失败次数"文本框中设置密码错误次数上限，单击"确定"按钮，完成 EDU_USER1 用户的修改，如图 8.5 所示。

图 8.4　"修改用户"对话框

图 8.5　"资源设置项"界面

（2）使用 SQL 语句修改用户。

【子任务 8-5】修改用户 EDU_USER1 的空间限制为 20MB。

```
alter user edu_user1 diskspace limit 20;
```

3. 删除用户

（1）使用达梦数据库管理工具删除用户。

【子任务 8-6】以用户 SYSDBA 登录，删除用户 EDU_USER1。

步骤 1：在图 8.3 所示的界面中，右击需要删除的用户名称，单击"删除"选项，弹出图 8.6 所示的"删除对象"对话框。

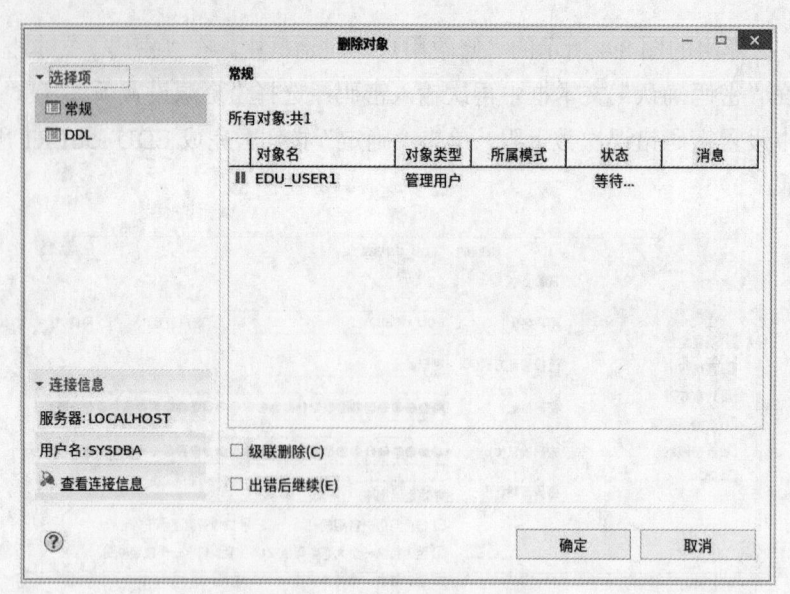

图 8.6 "删除对象"对话框

步骤2：在"删除对象"对话框中，单击"确定"按钮，即可删除该用户。

（2）使用 SQL 语句删除用户 EDU_USER1。

drop user edu_user1 cascade;

4. 权限管理

（1）使用达梦数据库管理工具管理用户权限。

【子任务 8-7】系统管理员 SYSDBA 将创建表、创建视图的权限授予用户 EDU_USER，并允许其转授权。

在图 8.4 所示的"修改用户"对话框中单击"系统权限"项，在"授予"和"转授"下分别勾选 CREATE TABLE、CREATE VIEW 两个选项，单击"确定"按钮，即可完成将权限授予用户 EDU_USER，并允许其转授权操作，如图 8.7 所示。

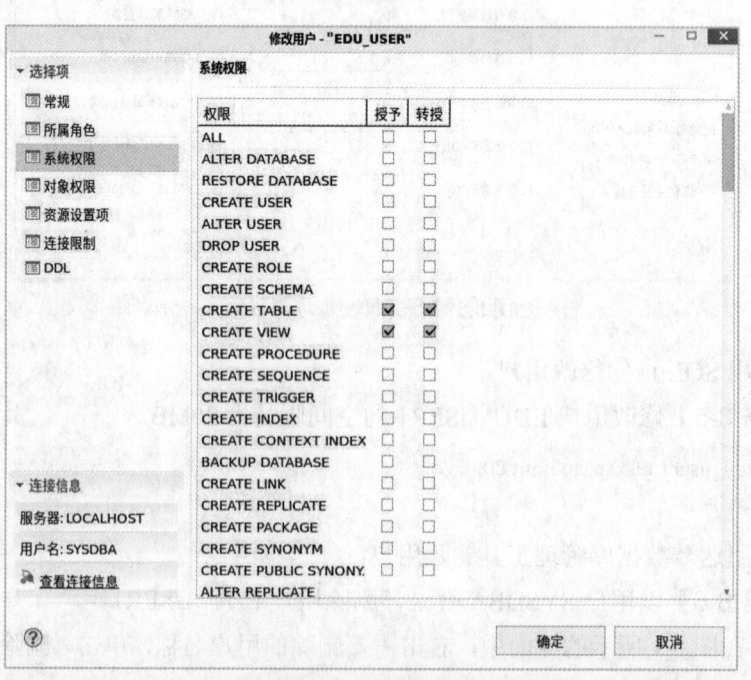

图 8.7 授予用户权限

【子任务 8-8】回收用户 EDU_USER 的创建视图和转授的权限。

在图 8.7 所示的"修改用户"对话框中，在"授予"和"转授"下取消勾选 CREATE VIEW 选项，单击"确定"按钮，即可完成回收权限操作，如图 8.8 所示。

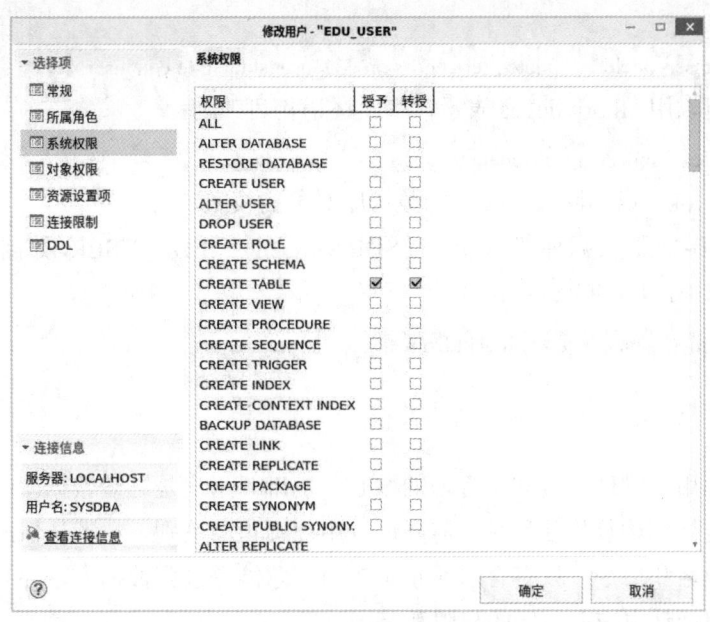

图 8.8 回收用户权限

（2）使用 SQL 语句管理用户权限。

1）使用 grant 语句授予用户权限。

【子任务 8-9】系统管理员 SYSDBA 将创建表和创建索引的权限授予用户 EDU_USER2，并允许其转授权。

```
grant create table , create index to edu_user2 with admin option ;
```

2）使用 revoke 语句回收已授予的指定数据库权限。

【子任务 8-10】系统管理员 SYSDBA 把用户 EDU_USER2 的创建表权限回收。

```
revoke create table from edu_user2;
```

【子任务 8-11】系统管理员 SYSDBA 回收用户 EDU_USER2 转授权的 create index 权限。

```
revoke admin option for create index from edu_user2;
```

EDU_USER2 仍有 create index 权限，但是不能将 create index 权限转授给其他用户。

3）限制相关数据库权限的管理。

通过达梦数据库配置文件 dm.ini 中参数 enable_ddl_any_priv 限制 ddl 相关的 any 数据库权限的授予与回收，有两个取值。

1：可以授予和回收 ddl 相关的 any 数据库权限。

0：不可以授予和回收 ddl 相关的 any 数据库权限，默认值为 0。

【子任务 8-12】当达梦数据库配置文件 dm.ini 中参数 enable_ddl_any_priv 的值设置为 0 时，禁止授予或回收 create any trigger 权限。

```
conn sysdba / sysdba
create user dbsec identified by 123456789;
grant create any trigger to dbsec;           //报错
revoke create any trigger from dbsec;        //报错
```

(3) 对象权限管理。

1) 使用 grant 语句将数据库对象权限授予用户。

【子任务 8-13】数据库管理员 SYSDBA 把表 EDU_USER.STUDENT 的全部权限授予用户 EDU_USER。

grant select , insert , delete , update , references on edu_user.student to edu_user;

表的全部权限可以用 all privileges 表示，则上述语句可改为：

grant all privileges on edu_user.student to edu_user;

2) 使用 revoke 语句回收已授予的数据库对象的权限、

【子任务 8-14】数据库管理员 SYSDBA 从用户 EDU_USER 处回收其授予的表 EDU_USER.STUDENT 的全部权限。

revoke all privileges on edu_user.student from edu_user cascade ;

任务小结

达梦数据库用户管理是其安全管理的核心和基础。用户是达梦数据库的基本访问控制机制，当用户连接到达梦数据库时，需要进行用户标识与鉴别。在默认情况下，连接数据库必须提供用户名和口令，只有合法、正确的用户才能登录到数据库，并且该用户在数据库中的数据访问活动也应有一定的权限和范围。

用户包括数据库的管理者和使用者，达梦数据库通过设置用户及其安全参数来控制用户对数据库的访问和操作。

数据库安全最重要的一点就是确保只授权给有资格的用户访问数据库的权限，同时令所有未被授权的人员无法接触数据。例如，创建用户需要具有 create user 权限，修改用户需要具有 alter user 权限，删除用户需要具有 drop user 权限。用户权限的授予和回收都是通过权限管理来实现的。

任务 8.2 角色管理

任务描述

根据对教务管理系统数据库的分析以及日常的运行需求，需要在系统中对角色进行创建和权限管理操作，决定在教务管理系统数据库中创建和管理 EDU_ROLE 等角色。

知识准备

达梦数据库中的角色是一系列权限的集合，用于方便用户操作。在达梦数据库中，角色是一个重要的概念，它代表了一组具有相同权限的用户集合。通过角色，可以方便地将一系列权限打包，然后授予一个或多个用户，而不需要单独授予每个用户具体的权限。这种做法大大简化了权限管理的复杂性。达梦数据库预定义了三种角色：DBA、RESOURCE 和 PUBLIC，每种角色具有不同的权限范围。

DBA（Database Administrator）角色拥有数据库系统中对象与数据操作的最高权限集合，包括构建数据库的全部特权。只有 DBA 才可以创建数据库结构。

RESOURCE 角色允许用户创建数据库对象，并对有权限的数据库对象进行数据操纵，但不包括创建数据库结构的权限。

PUBLIC 角色则限制更多，不允许创建数据库对象，只能对有权限的数据库对象进行数据操纵。

这种权限管理机制使得达梦数据库在处理复杂权限需求时更加灵活和高效。通过角色的使用，可以有效地控制不同用户对数据库的访问和操作，确保数据的安全性和完整性。

除了三种预定义角色之外，还有根据权限设置的角色，比如：

DB_AUDIT 开头的为审计相关角色，默认赋给 SYSAUDITOR。

DB_POLICY 开头的为安全相关角色，默认赋给 SYSSSO。

SOI：具有查询系统表（SYS 开头的）权限。

VTI：具有查询动态视图（v$开头的）权限。

1. 创建角色

角色一般只能由具有 create role 数据库权限的数据库管理员来创建。

具体的语法格式如下：

create role <角色名>;

说明：

（1）创建者必须具有 create role 数据库权限。

（2）角色名的长度不能超过 128 个字符。

（3）角色名不允许和系统已存在的用户名重名。

示例：创建名为 EDU_R1 的角色。

create role edu_r1;

2. 角色权限的授予和回收

角色的权限管理和用户的权限管理一致，授予权限采用 grant to 命令，回收权限采用 revoke from 命令。

示例：授予角色 EDU_R1 对表 EDU_USER.CLASS 的 select 权限和 insert 权限。

grant select, insert on edu_user.class to edu_r1;

示例：回收角色 EDU_R1 对表 EDU_USER.CLASS 的 insert 权限。

revoke insert on edu_user.class from edu_r1;

3. 管理角色

角色创建并授予权限之后，可以将该角色授予用户或其他角色，这样用户或其他角色就继承了该角色所具有的权限。授予角色权限可使用 grant to 语句。

具体的语法格式如下：

grant <角色名> to <用户名或角色名>;

示例：让用户 EDU_USER 继承 EDU_R1 的权限。

grant edu_r1 to edu_user;

示例：新建角色 EDU_R2，让角色 EDU_R2 继承角色 EDU_R1 的权限。

create role edu_r2;
grant edu_r1 to edu_r2;

任务实施

1. 创建角色

（1）使用达梦数据库管理工具创建角色。

【子任务 8-15】创建一个名为 EDU_ROLE 的角色。

步骤 1：登录达梦数据库管理工具后，右击对象导航页面的"角色"节点，在弹出的快捷菜单中单击"新建角色"选项，如图 8.9 所示。

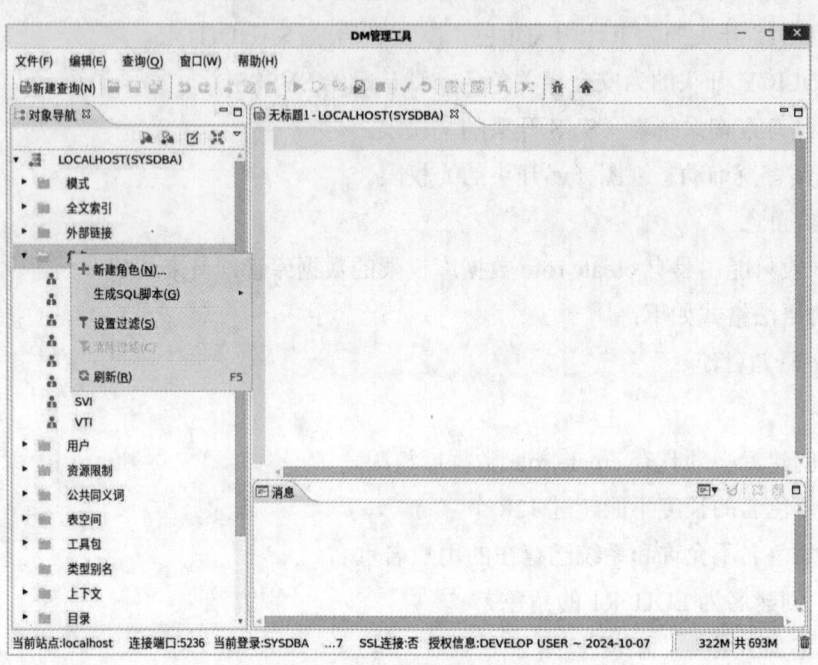

图 8.9　登录达梦数据库管理工具

步骤 2：在弹出的图 8.10 所示的"新建角色"对话框中，在"角色名"文本框中设置名称为 EDU_ROLE，注意字母大小写，单击"确定"按钮，完成 EDU_ROLE 角色的创建。

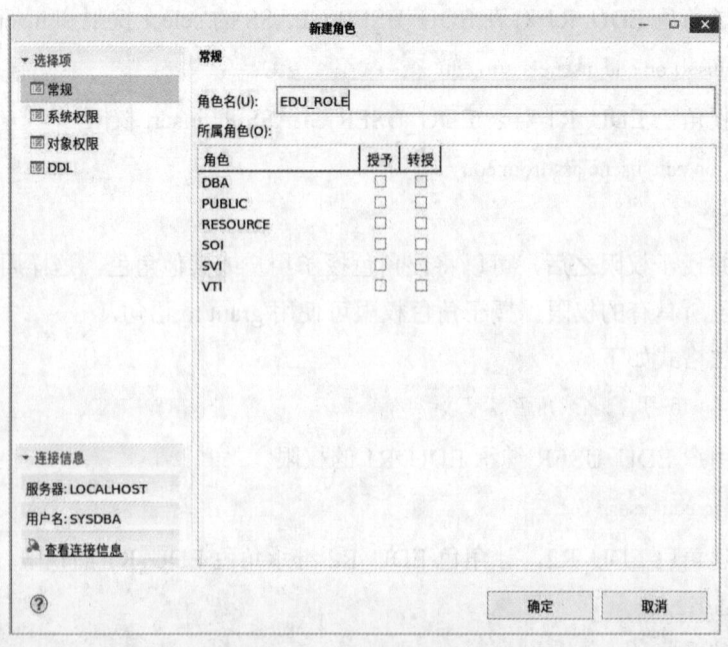

图 8.10　"新建角色"对话框

（2）使用 SQL 语句创建角色。

【子任务 8-16】 创建一个名为 EDU_ROLE2 的角色。

```
create role edu_role2;
```

2. 角色权限的授予和回收

（1）使用达梦数据库管理工具授予和回收角色权限。

【子任务 8-17】 授予角色 EDU_ROLE 对表 EDU_USER.DEPARTMENT 的 select 权限、insert 权限和 update 权限。

步骤 1：登录达梦数据库管理工具后，单击对象导航页面的"角色"节点，在下拉菜单中右击需要修改的角色名称，在弹出的快捷菜单中单击"修改"选项，如图 8.11 所示。

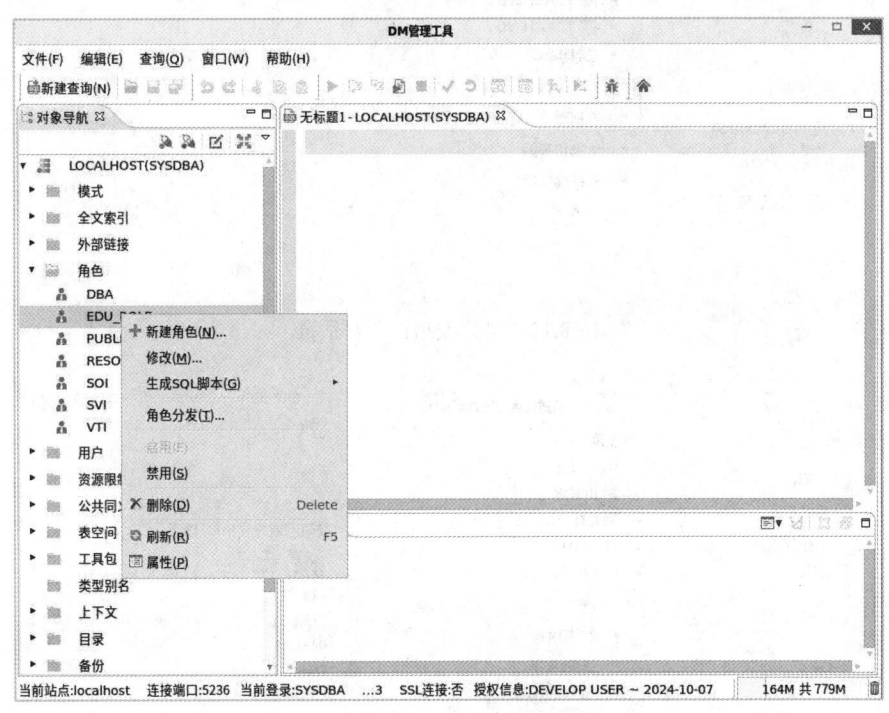

图 8.11 "修改"选项

步骤 2：在弹出的图 8.12 所示的"修改角色"对话框中，单击"选择项"下拉菜单中的"对象权限"选项，在"对象权限"中选中要修改的目标表，在"授予"下依次勾选 SELECT、INSERT、UPDATE 选项；单击"确定"按钮，完成 EDU_ROLE 角色的修改。

【子任务 8-18】 回收角色 EDU_ROLE 对表 EDU_USER.DEPARTMENT 的 update 权限。

在"修改角色"对话框中，在"授予"下取消勾选 UPDATE 选项；单击"确定"按钮，完成 EDU_ROLE 角色的权限回收，如图 8.13 所示。

（2）使用 SQL 语句授予和回收角色权限。

【子任务 8-19】 授予角色 EDU_ROLE2 对表 EDU_USER.COURSE 的 select 权限、update 权限和 delete 权限。

```
grant select, update ,delete on edu_user.course to edu_role2;
```

【子任务 8-20】 回收角色 EDU_ROLE2 对表 EDU_USER.COURSE 的 update 权限和 delete 权限。

```
revoke update, delete on edu_user.course from edu_role2;
```

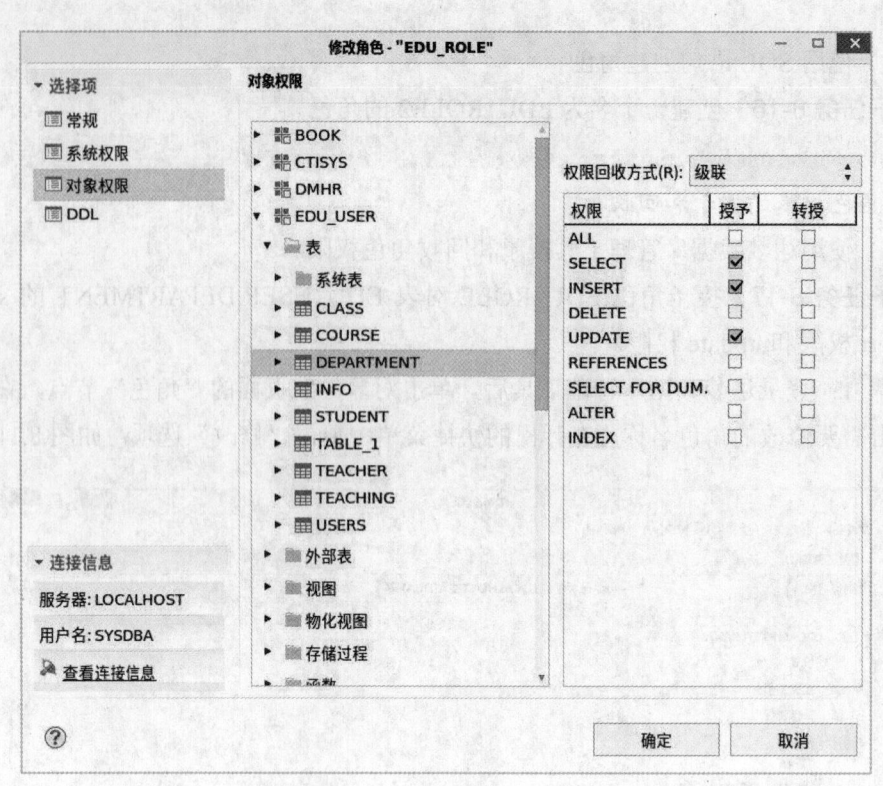

图 8.12 "修改角色"对话框

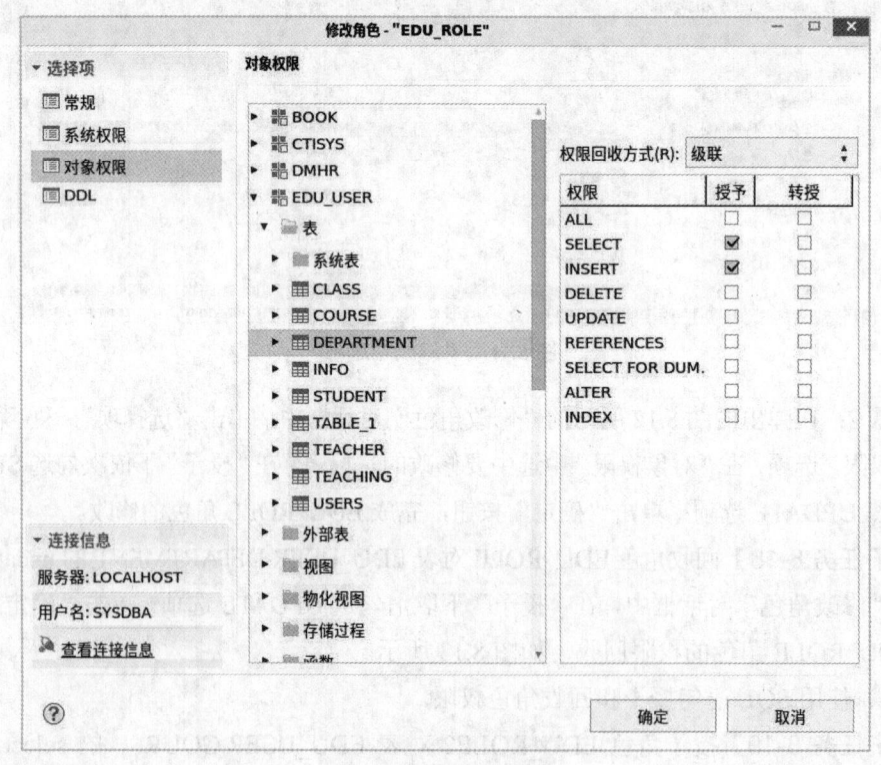

图 8.13 回收角色权限

3. 管理角色

使用达梦数据库管理工具管理角色。

【子任务 8-21】让用户 EDU_USER 继承角色 EDU_ROLE 的权限。

步骤 1：登录达梦数据库管理工具后，单击对象导航页面的"用户"节点下的"管理用户",在下拉菜单中右击需要修改的用户名称,在弹出的快捷菜单中单击"修改"选项,如图 8.3 所示。

步骤 2:在弹出的图 8.14 所示的"修改用户"对话框中,单击"选择项"下拉菜单中的"所属角色"选项,在"授予"下勾选 EDU_ROLE 角色,将 EDU_ROLE 角色的权限授予 EDU_USER 用户,单击"确定"按钮,完成用户 EDU_USER 继承角色 EDU_ROLE 的权限的修改。

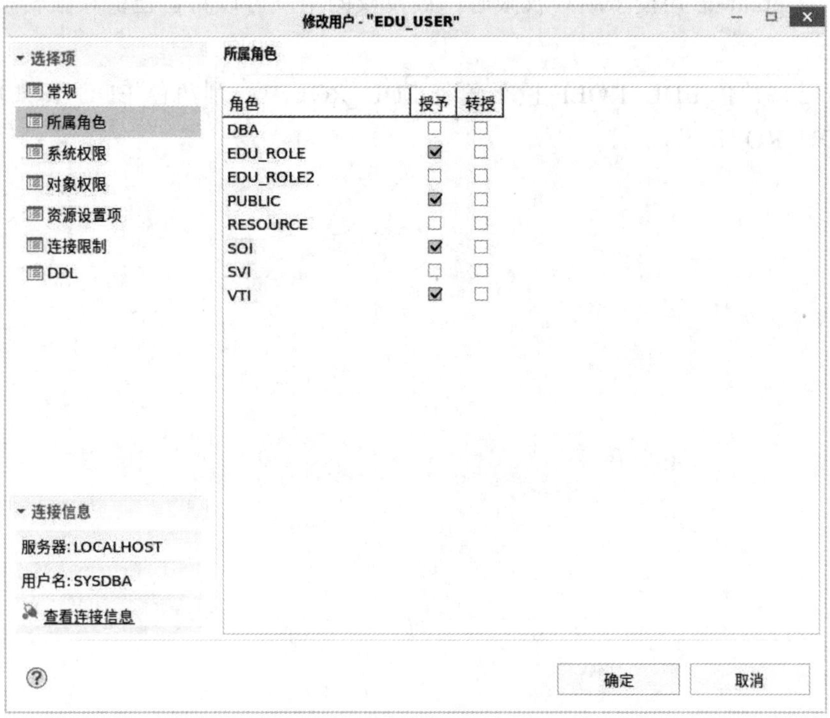

图 8.14 "修改用户"对话框

【子任务 8-22】让角色 EDU_ROLE2 继承 EDU_ROLE 的权限。

```
grant edu_role to edu_role2;
```

任务小结

使用角色能够极大地简化数据库的权限管理。假设有 10 个用户,这些用户为了访问数据库,至少应拥有 create table、create view 等权限。如果将这些权限分别授予这些用户,那么需要进行的授权次数比较多;但是,如果将这些权限先组合成集合,然后作为一个整体授予这些用户,那么每个用户只需要一次授权,授权的次数将大大减少。用户越多,需要指定的权限越多,这种授权方式的优越性就越明显。这些事先组合在一起的一组权限就是角色,角色中的权限既可以是数据库权限,也可以是对象权限,还可以是其他权限。

为了使用角色,需要先在数据库中创建角色,并向角色添加某些权限,然后将角色授予某用户,此时该用户就具有了角色中的所有权限。在使用角色过程中,可以对角色进行管理,包括向角色中添加权限、从角色中删除权限等。在此过程中,授予角色的用户具有的权限也随之改变,如果要回收用户具有的全部权限,只需要将授予的所有角色从用户那里回收即可。

习 题 8

1. 使用 create user 语句创建用户时，可以不设置密码吗？

2. 某用户建立了自己的表或其他数据库对象，将该用户删除后，其所建立的表或数据库对象会一并被删除吗？

3. 使用 grant 语句授予用户权限时，被授权的用户可以将自己的权限转授给其他用户吗？

4. 若已将角色 EDU_ROLE 授予角色 EDU_ROLE1，则角色 EDU_ROLE1 能再授予角色 EDU_ROLE 吗？

实 战 篇

单元 9 达梦数据库的应用连接

单元导读

数据库访问是数据库应用系统中非常重要的组成部分。达梦数据库作为一个通用数据库管理系统,提供了多种数据库访问接口,包括 ODBC、JDBC、DPI 和嵌入方式等。本单元详细介绍达梦数据库的各种访问接口,相应开发环境的配置,以及一些开发用例。在教学过程中培养学生的合作精神和科学精神。

品德塑造

通过演示连接达梦数据库等配置流程,强调连接安全不仅关乎技术可靠性,更涉及国家数据主权的边界守卫。结合《关键信息基础设施安全保护条例》,引导学生理解身份核验、IP 白名单等机制如何筑牢数字国门,传递"安全无小事"的责任观,诠释国产数据库在打破"协议依赖"、防范"断连风险"中的突破性价值,最终让学生在操作中形成"以代码铸盾牌"的使命感,塑造兼具技术理性与家国底线的数字公民品格。

单元目标

知识目标
- 掌握连接达梦数据库的常用接口及配置。
- 掌握连接达梦数据库的测试方式。

能力目标
- 能够基于常用接口连接达梦数据库。
- 能够解决达梦数据库连接的简单问题。

素养目标
- 养成读文档、学文档和用文档的良好习惯。
- 养成分析问题和解决问题的能力。

任务 9.1 ODBC 接口配置

任务描述

达梦数据库支持多种接口,便于与不同开发语言进行连接。本任务要实现达梦数据库 ODBC 接口的配置与测试,培养学生严谨认真的工作态度。

知识准备

ODBC(Open Database Connectivity)是一种开放的标准接口,用于连接和操作各种数据库系统。达梦数据库 ODBC 驱动程序是基于 ODBC 标准开发的,它提供了一种简单而灵活的方式来访问达梦数据库。通过 ODBC 驱动程序,用户可以使用各种编程语言和工具来连接达梦数据库并执行各种数据库操作,如查询、插入、更新和删除数据等。使用达梦数据库 ODBC 驱动程序非常简单。首先,需要安装达梦数据库 ODBC 驱动程序,并将其配置为可用状态。然后,可以使用 ODBC API 或者各种编程语言提供的 ODBC 库来连接达梦数据库。

任务实施

1. Windows 环境连接

打开 Windows "控制面板" → "管理工具" → "ODBC 数据源(64 位)"。选择"系统 DSN",右击"添加",打开"创建新数据源"对话框,选择 DM8 ODBC DRIVER,单击"完成"按钮,如图 9.1 所示。

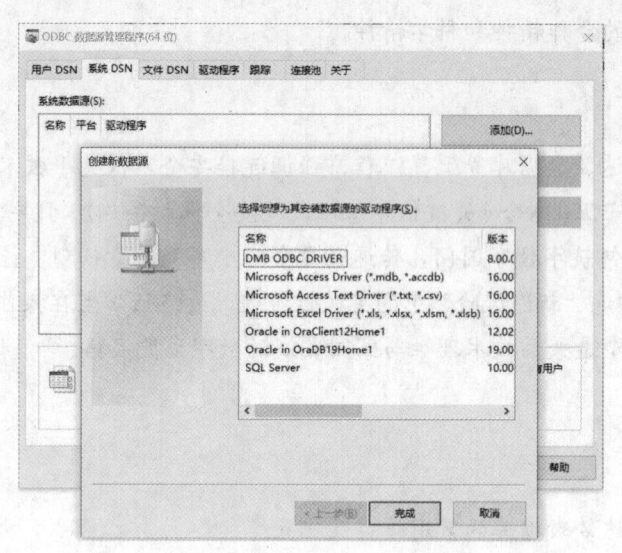

图 9.1 创建 ODBC 新数据源

在打开的"DM SERVER ODBC 数据源配置 V8"对话框中,填写数据源名称(如 DM8)、DM 数据库服务器 IP 及端口信息;在如何连接数据库部分,添加登录 ID 及密码(数据库用户名和密码),单击"测试"按钮,连接 DM 数据库,测试成功后,单击"确定"完成数据源的创建和测试,如图 9.2 所示。

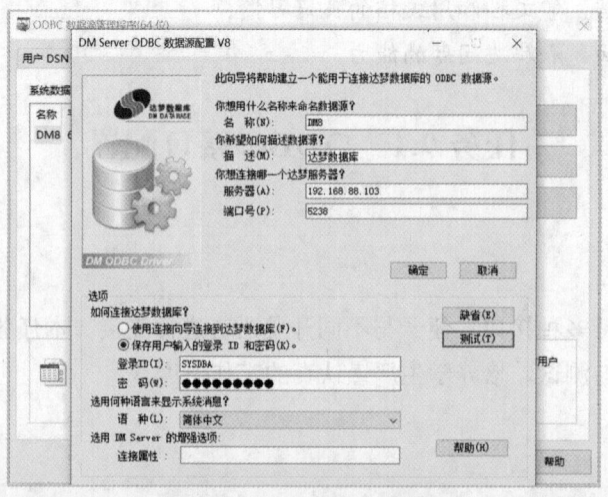

图 9.2 配置 ODBC 数据源

2. Linux 环境连接

首先，安装 ODBC 软件和准备 DM ODBC 驱动；其次，配置驱动和数据源信息（配置文件）；最后，测试连接。

（1）下载 unixODBC 源码包。

在 ODBC 官网下载 unixODBC 源码文件，参考步骤如下：

进入 unixodbc 官网，选择左侧 Download，进入下载页面，如图 9.3 所示。

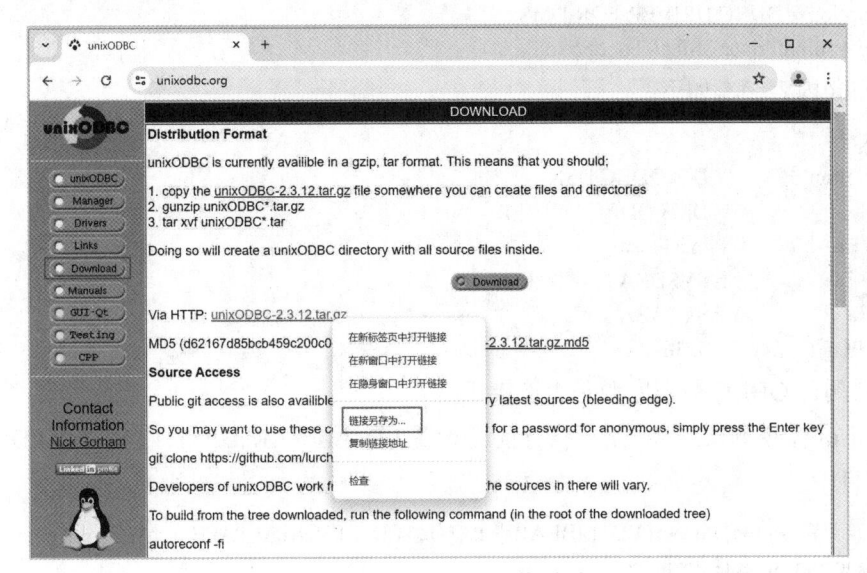

图 9.3 unixODBC 下载页面

右击 Via HTTP 位置 unixODBC-2.3.12.tar.gz，选择"链接另存为"将 unixODBC-2.3.12.tar.gz 压缩包保存至本地磁盘。

（2）解压、安装 ODBC 软件。

使用如下命令解压，以 unixODBC-2.3.0 版本为例。

```
[root@KylinDCA04 opt]# tar -zxvf unixODBC-2.3.0.tar.gz
```

源码安装"三部曲"：配置、编译、安装。

进入源码目录（解压后的目录），执行如下三个命令（Linux 操作系统下需安装 gcc）。

```
[root@KylinDCA04 unixODBC-2.3.0]# ./configure
[root@KylinDCA04 unixODBC-2.3.0]# make
[root@KylinDCA04 unixODBC-2.3.0]# make install
```

（3）配置 ODBC 数据源信息。

按照如下步骤配置 ODBC 驱动和数据源信息。

1）查看配置文件信息。

执行如下命令查看 ODBC 的配置文件位置信息：

```
[root@KylinDCA04 unixODBC-2.3.0]# odbcinst -j
unixODBC 2.3.0
DRIVERS............: /usr/local/etc/odbcinst.ini
SYSTEM DATA SOURCES: /usr/local/etc/odbc.ini
FILE DATA SOURCES..: /usr/local/etc/ODBCDataSources
USER DATA SOURCES..: /root/.odbc.ini
SQLULEN Size......: 8
SQLLEN Size......: 8
SQLSETPOSIROW Size.: 8
```

2）配置驱动和数据源信息。

其中，odbcinst.ini 配置驱动信息，odbc.ini 配置数据源信息。odbcinst.ini 中的驱动名称和 odbc.ini 中的驱动 driver 配置项对应。

odbcinst.ini 内容参考如下，driver 项配置为 DM ODBC 驱动所在目录（默认在 DM 安装目录/drivers/odbc 目录下）。

```
[DM8 ODBC DRIVER]
Description = ODBC DRIVER FOR DM8
Driver = /dm8/drivers/odbc/libdodbc.so
```

odbc.ini 内容参考如下：

```
[DM8]
Description      = DM ODBC DSN
Driver           = DM8 ODBC DRIVER
SERVER           = localhost
UID              = SYSDBA
PWD              = SYSDBA
TCP_PORT         = 5236
```

（4）测试 ODBC 数据库源是否连接正常。

使用 isql 命令测试连接正常，执行前需设置 LD_LIBRARY_PATH 变量指向 DM ODBC 驱动所在目录。

```
[root@localhost bin]# export LD_LIBRARY_PATH=$LD_LIBRARY_PATH:/dm8/drivers/odbc
[root@localhost bin]$ ./isql dm8 -v
+---------------------------------------+
| Connected!                            |
|                                       |
| sql-statement                         |
| help [tablename]                      |
| quit                                  |
|                                       |
+---------------------------------------+
```

任务小结

达梦数据库 ODBC 驱动程序是达梦数据库与各种应用程序之间的重要桥梁。通过 ODBC 驱动程序，用户可以方便地连接达梦数据库，并执行各种数据库操作。使用达梦数据库 ODBC 驱动程序，开发者可以更加专注于业务逻辑的实现，提高开发效率。因此，对于需要与达梦数据库进行交互的应用程序来说，使用达梦数据库 ODBC 驱动程序是非常重要的。

任务 9.2　JDBC 接口配置

任务描述

达梦数据库是一种高性能、高可靠性的关系型数据库管理系统，广泛应用于企业级应用系统中。在使用达梦数据库时，需要通过 JDBC 连接方式来与数据库进行交互。本任务将介绍达梦数据库 JDBC 连接方式的实现方法。

知识准备

JDBC（Java Database Connectivity）是 Java 应用程序与数据库的接口规范，旨在让各数据库开发商为 Java 程序员提供标准的数据库应用程序编程接口（Application Programming Interface，API）。JDBC 定义了一个跨数据库、跨平台的通用 SQL 数据库 API。

DM JDBC 驱动程序是达梦数据库的 JDBC 驱动程序，它是一个能够支持基本 SQL 功能的通用应用程序编程接口，支持一般的 SQL 数据库访问。

通过 JDBC 驱动程序，用户可以在应用程序中实现对达梦数据库的连接与访问，JDBC 驱动程序的主要功能包括：

- 建立与达梦数据库的连接。
- 转接发送 SQL 语句到数据库。
- 处理并返回语句执行结果。

任务实施

1. Windows 环境

首先，安装 JDK，并配置 Java 的 HOME 变量；其次，开发环境引入 DM JDBC 驱动 jar 包。

（1）安装 JDK，设置 JAVA_HOME 环境变量。

进入甲骨文（Oracle）官网，单击 Products 选项，如图 9.4 所示。

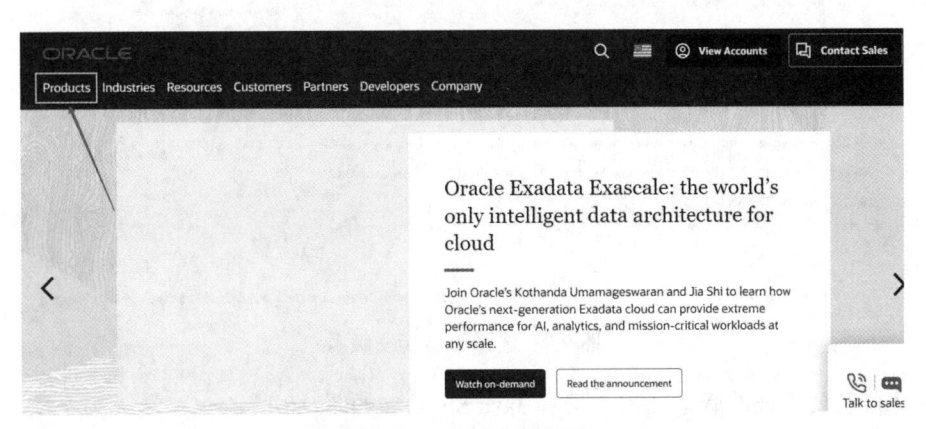

图 9.4 Oracle 官网首页

向下滑动页面，单击 Java 选项，如图 9.5 所示。

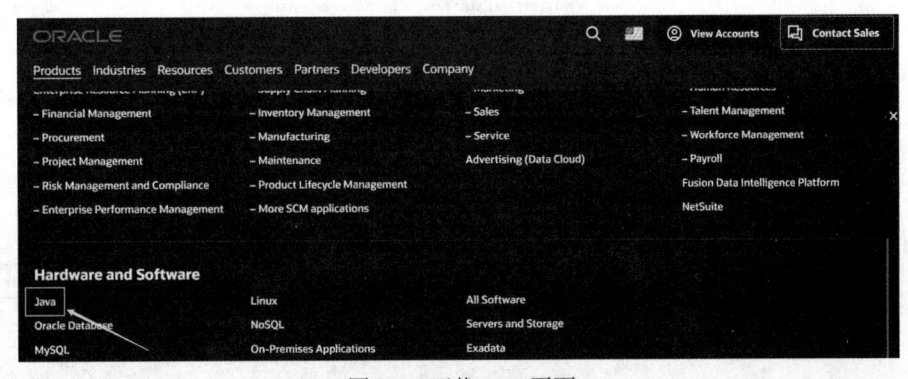

图 9.5 下载 Java 页面

向下翻动页面，单击 Java SE 项，打开下载页面，单击 Download Java now 按钮，如图 9.6 所示。

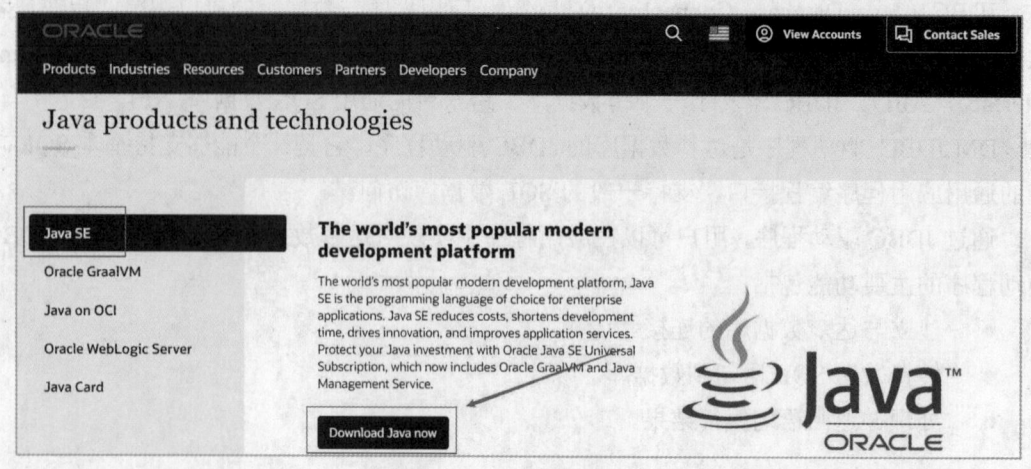

图 9.6　Java SE 下载页面

页面中 DownLoad 默认显示最近的新版本，单击 Java archive 选项卡选择更稳定的历史版本，如图 9.7 所示。

图 9.7　选择 Java 历史版本

选择自己要下载的版本（本次选择 Java SE 8），如图 9.8 所示。

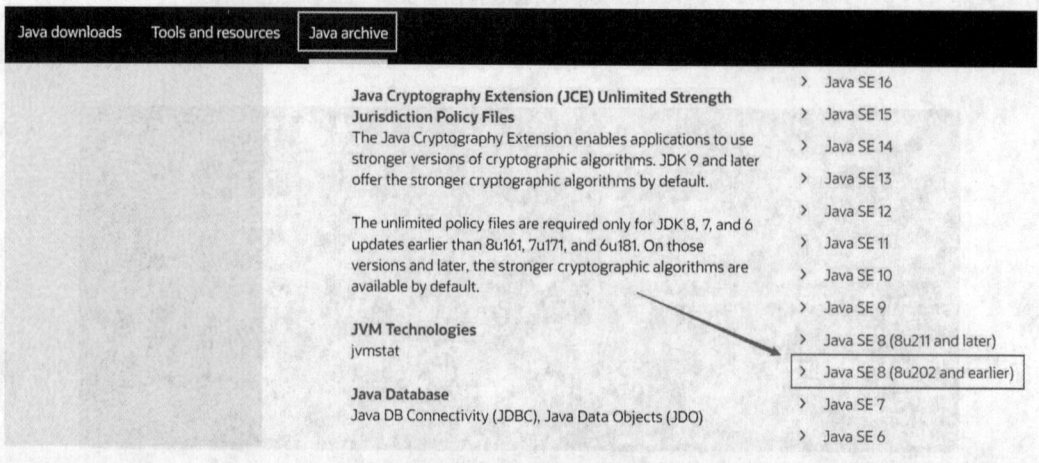

图 9.8　下载 JavaSE 8

根据操作系统选择对应位数的下载文件（本任务以 Window 64 位系统为例），如图 9.9 所示。

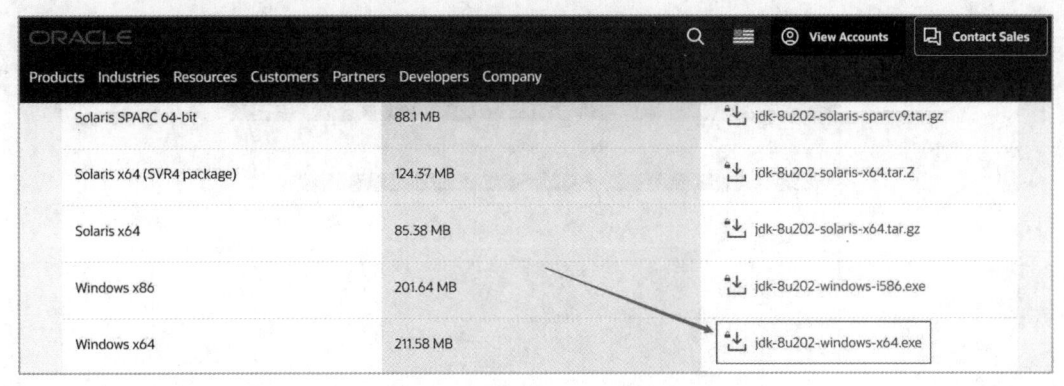

图 9.9　下载 Windows 版 JDK

双击安装文件，进入安装向导，如图 9.10 所示，根据向导选择安装目录，如图 9.11 所示。

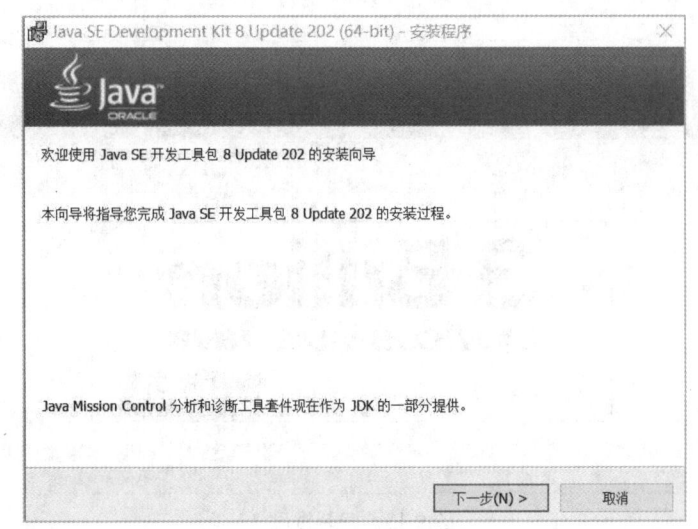

图 9.10　JDK 安装向导

图 9.11　JDK 安装

在图 9.11 所示对话框中直接单击"下一步"按钮，把 JDK 安装在默认路径，进入图 9.12 和图 9.13 所示的安装进度对话框。

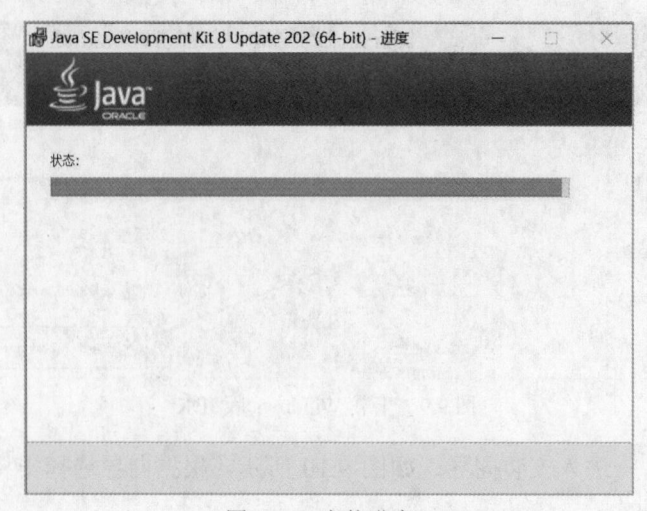

图 9.12　安装进度 1

图 9.13　安装进度 2

安装完 JDK，找到并复制 JDK 的安装路径，如图 9.14 所示。

图 9.14　JDK 安装目录

在桌面右击"此电脑"，在弹出的快捷菜单中单击"系统属性"，进入图 9.15 所示的"系统属性"窗口。

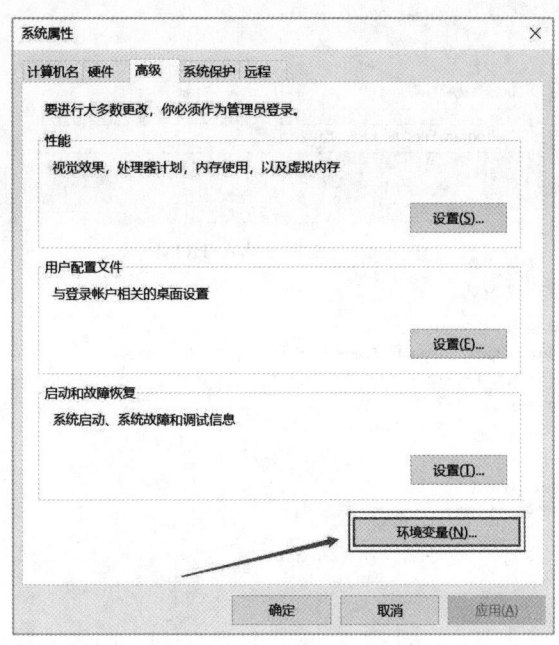

图 9.15 "系统属性"窗口

在"系统属性"窗口单击"环境变量",进入"环境变量"窗口,如图 9.16 所示。

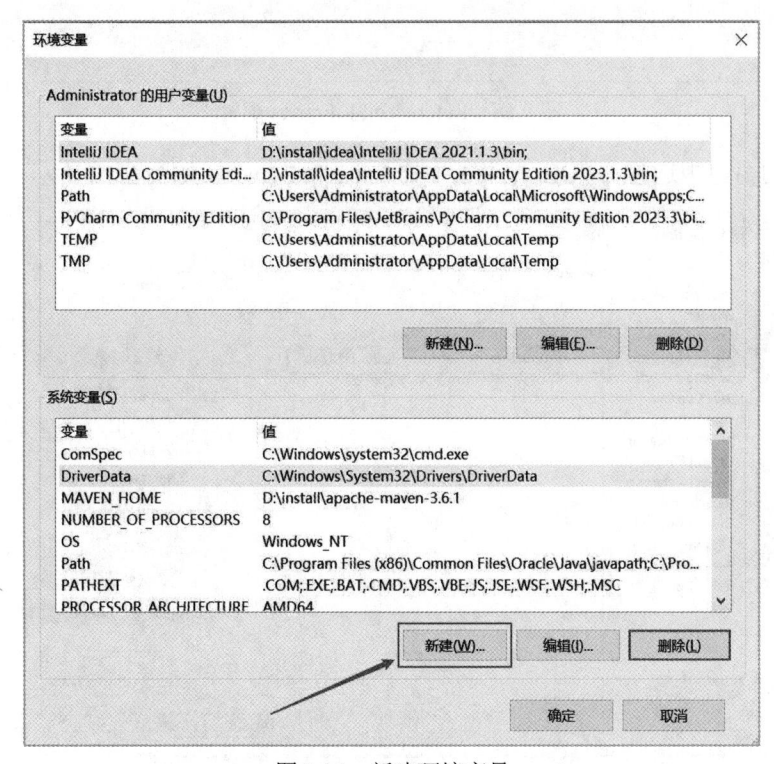

图 9.16 新建环境变量

在如图 9.16 所示的窗口中单击"系统变量"中的"新建"按钮,打开"新建系统变量"对话框,如图 9.17 所示。

(2)开发工具引入对应 JDK 版本的 DM JDBC 驱动 jar 包。

Eclipse 设置 library PATH,增加 DM 的 JDBC 驱动 jar 包所在目录(以 JDK1.8 版本为例),打开 Eclipse 创建的项目,右击 Referenced Libraries,然后在快捷菜单中选择 Build Path,接着单击 Configure Build Path,如图 9.18 所示。

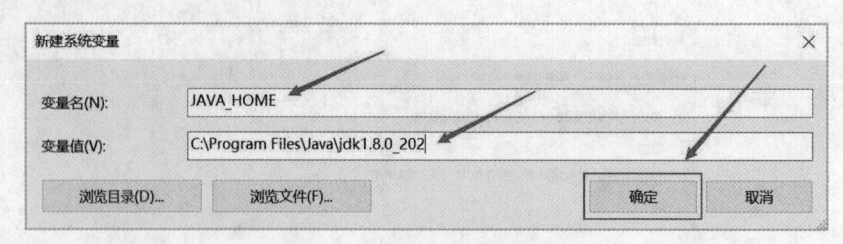

图 9.17　配置 JAVA_HOME

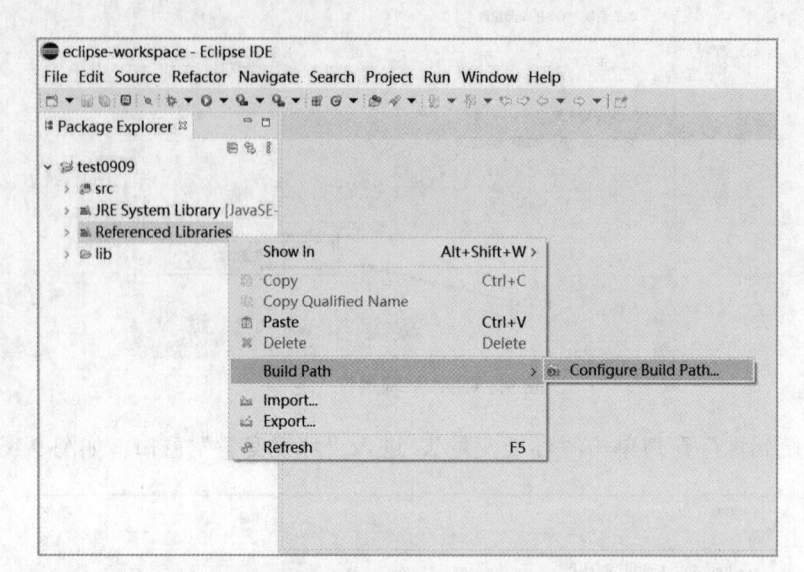

图 9.18　Referenced Libraries 配置

在打开的窗口中选择与 JDK 对应版本的 DmJdbcDriver，如图 9.19 所示。

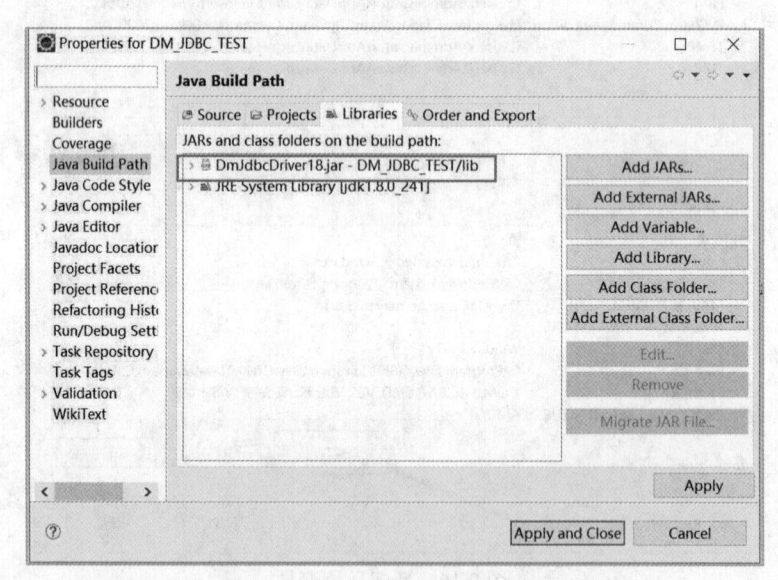

图 9.19　增加 DM JDBC Jar 包目录

2. Linux 环境

（1）安装 JDK。

以 rpm 包安装方式为例，如图 9.20 所示。

[root@localhost opt]# rpm -ivh /opt/jdk-8u152-linux-x64.rpm
[root@localhost opt]# java -version
java version "1.8.0_152"

Java(TM) SE Runtime Environment (build 1.8.0_152-b16)
Java HotSpot(TM) 64-Bit Server VM (build 25.152-b16, mixed mode)

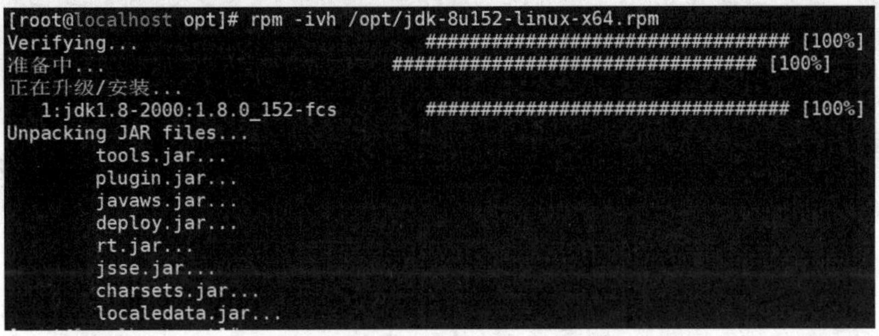

```
[root@localhost opt]# rpm -ivh /opt/jdk-8u152-linux-x64.rpm
Verifying...                    ################################# [100%]
准备中...                        ################################# [100%]
正在升级/安装...
   1:jdk1.8-2000:1.8.0_152-fcs   ################################# [100%]
Unpacking JAR files...
        tools.jar...
        plugin.jar...
        javaws.jar...
        deploy.jar...
        rt.jar...
        jsse.jar...
        charsets.jar...
        localedata.jar...
```

图 9.20　解压 jar 包

（2）编写 Java 代码连接 DM 数据库。

编写 Java 代码连接 DM 数据库，DM JDBC 驱动串和连接串内容参考如下。

1）DM JDBC 内容。

String jdbcString = "dm.jdbc.driver.DmDriver";

2）DM URL 连接串内容。

String urlString = "jdbc:dm://localhost:5236";

（3）编译并运行代码。

编写 DmTest.java 文件。

```java
import java.sql.Connection;
import java.sql.DriverManager;
import java.sql.ResultSet;
import java.sql.SQLException;
import java.sql.Statement;
/**
 * @author 达梦 E 学
 */
public class DmTest{
    private static String url = "jdbc:dm://192.168.88.2:5236";    //定义 URL 连接串
    private static String username = "SYSDBA";
    private static String password = "Dameng123";
    private static String sql = "select count(*) from dmhr.employee";
    /**
     * @param args
     */
    public static void main(String[] args){
        Connection connection = null;
        Statement stmt = null;
        try{
            Class.forName("dm.jdbc.driver.DmDriver");
            connection = DriverManager.getConnection(url, username, password);    //连接数据库
            stmt = connection.createStatement();
            ResultSet rs = stmt.executeQuery(sql);    //执行查询 SQL
            while (rs.next()) {
                System.out.println(rs.getString(1));
            }
        }
        catch (SQLException e){
            e.printStackTrace();
```

```
            }
            catch (ClassNotFoundException e){
                e.printStackTrace();
            }
            finally{
                try{
                    if (stmt != null){
                        stmt.close();
                    }
                    if (connection != null){
                        connection.close();
                    }
                }
                catch (SQLException e){
                    e.printStackTrace();
                }
            }
        }
    }
```

执行 javac 命令编译代码，生成 CLASS 文件。

```
[dmdba@localhost develop]$ javac DmTest.java
[dmdba@localhost develop]$ ll
总用量 8
-rw-r--r--. 1 dmdba dinstall 1915 8 月    8 14:41 DmTest.class
-rw-r--r--. 1 dmdba dinstall 1584 8 月    8 14:41 DmTest.java
```

使用 java -Xbootclasspath 指定 DM JDBC 扩展类库路径（默认 DM 安装目录为 drivers/jdbc，选择对应 JDK1.8 版本的 DM JDBC 驱动包），运行编译后的文件，运行结果如图 9.21 所示。

```
[dmdba@localhost dm8]$ java -Xbootclasspath/a:/dm8/dmdbms/drivers/jdbc/DmJdbcDriver18.jar DmTest
```

```
[root@localhost dm8]# javac DmTest.java
[root@localhost dm8]# java -Xbootclasspath/a:/dm8/dmdbms/drivers/jdbc/DmJdbcDriver18.jar DmTest
856
```

图 9.21　运行结果

任务小结

通过本任务学习了达梦数据库 JDBC 连接方式的实现方法，包括使用官方提供的 JDBC Driver 和第三方提供的 JDBC Driver。在实际应用中，可以根据需求选择合适的连接方式。同时需要注意的是，在使用 JDBC 连接达梦数据库时，需要正确配置连接参数，包括数据库地址、端口号、用户名和密码等。只有正确配置连接参数，才能成功连接达梦数据库并进行数据操作。

习　题　9

1. 简述 ODBC 接口配置中的参数含义。
2. 简述 JDBC 接口配置中的参数含义。

单元 10　基于 Java 语言的达梦数据库操作

单元导读

Java 是当前使用最广泛的编程语言之一，为便于 Java 应用访问和操作达梦数据库，达梦数据库支持 JDBC 编程接口。Java 应用借助 DM JDBC 驱动，使用 Java 语言开发应用系统。本单元学习 Java 语言与达梦数据库的连接和用 Java 语言操作达梦数据库，实现对数据的增删改查操作。在整个教学过程中，让学生感受到国产数据库的强大和安全，同时培养整体化的项目思维，用项目思维来分析和解决问题。

品德塑造

通过配置 DM JDBC 驱动，引导学生理解国产数据库打破国外技术垄断的战略价值。在编写连接代码时，强调参数加密、SQL 注入防范等安全实践，结合《中华人民共和国网络安全法》对数据交互的规范要求，传递"每一行代码都承载社会责任"的伦理观。通过异常处理与日志审计的代码设计，培养学生的严谨态度。同时，以国产化替代项目中达梦数据库与 Java 生态适配的案例，诠释技术攻坚对保障国家信息安全的重要性，将技术实操升华为"用自主技术筑牢数字边疆"的使命感，塑造学生"以安全为底线，以创新为追求"的开发者品格。

单元目标

知识目标

- 学会用 Java 语言连接达梦数据库。
- 学会用 Java 语言操作达梦数据库，实现数据的增删改查操作。

能力目标

- 能够熟练调用 JDBC 接口关于数据库操作的函数，并正确使用。
- 能够用 Java 语言连接达梦数据库，并实现对数据的增删改查操作。

素养目标

- 培养整体项目化思维。
- 培养用项目化思维分析问题和解决问题的能力。

任务 10.1　达梦数据库的连接

任务描述

达梦数据库在多个领域中都有广泛的应用，包括政府和公共服务、金融行业、企业信息化、医疗健康、教育行业、大数据处理与分析、电子商务与互联网服务、电信与通信等。要使用达梦数据库进行应用程序开发，必须先与达梦数据库建立起连接。本任务采用 Java 语言，基于 JDBC 接口实现与达梦数据库的连接。

知识准备

JDBC 是 Java 应用程序连接和操作关系型数据库的应用程序接口，其由一组规范的类和接口组成，通过调用类和接口所提供的方法，可访问和操作不同的关系型数据库系统。

达梦遵循 JDBC 标准接口规范，提供了 DM JDBC 驱动程序，使得 Java 程序员可以通过标准的 JDBC 编程接口进行创建数据库连接、执行 SQL 语句、检索结果集、访问数据库元数据等操作，从而开发基于达梦数据库的应用程序，JDBC 体系结构如图 10.1 所示。

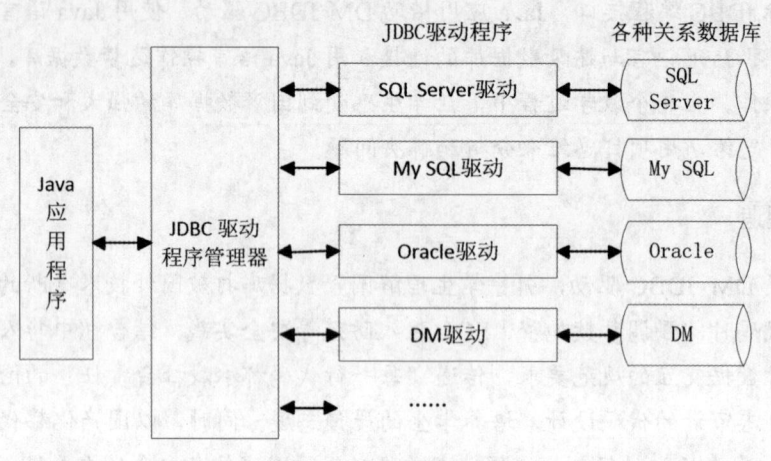

图 10.1　JDBC 体系结构

由于 DM JDBC 驱动遵照 JDBC 标准规范设计与开发，因此 DM JDBC 接口提供的函数与标准 JDBC 一致。JDBC 接口函数较多，DM JDBC 主要接口和函数见表 10.1，读者在开发基于 DM JDBC 应用程序时也可参阅标准 JDBC 编程接口，详细的接口说明可参考《DM8 程序员手册》。

表 10.1　DM JDBC 主要类和函数

主要类或接口	类或接口说明	主要函数	函数说明
java.sql.DriverManager	用于管理驱动程序，并可与数据库建立连接。其类中的方法均为静态方法	getConnection	创建连接
		setLoginTimeout	设置登录超时时间
		registerDriver	注册驱动
		deregisterDriver	卸载驱动
java.sql.Connection	数据库连接类，作用是管理指向数据库的连接，可用于提交和回滚事务、创建 Statement 对象等操作	createStatement	创建一个 Statement 对象
		setAutoCommit	设置自动提交
		close	关闭数据库连接
		commit	提交事务
		rollback	回滚事务
java.sql.Statement	用于在连接上运行 SQL 语句，并可访问结果	execute	运行 SQL 语句
		executeQuery	执行一条返回 ResultSet 的 SQL 语句
		executeUpdate	执行 INSERT、UPDATE、DELETE 或一条没有返回数据集的 SQL 语句
		getResultSet	用于得到当前 ResultSet 的结果

续表

主要类或接口	类或接口说明	主要函数	函数说明
java.sql.PreparedStatement	Statement 的子类，是预编译类，能够对 SQL 语句进行预编译，以提高 SQL 语句执行效率	setXXX	设置包含于 PreparedStatement 对象中的 SQL 语句参数，如 SetInt、SetString
		setObject	显式地将输入参数转换为特定的 JDBC 类型
java.sql.ResultSet	结果集对象，主要用于查询结果的访问	absolute	将结果集的记录指针移动到指定行
		next	将结果集的记录指针定位到下一行
java.sql.ResultSet	结果集对象，主要用于查询结果的访问	last	将结果集的记录指针定位到最后一行
		close	释放 ResultSet 对象
java.sql.DatabaseMetaData	用于获取数据库元数据信息的类，如模式信息、表信息、表权限信息、表列信息、存储过程信息等	getTables	得到指定参数的表信息
		getColumns	得到指定表的列信息
		getPrimaryKeys	得到指定表的主键信息
		getTypeInfo	得到当前数据库的数据类型信息
		getExportedKeys	得到指定表的外键信息
java.sql.ResultSetMetaData	用于获取结果集元数据信息的类，如结果集的列数、列的名称、列的数据类型、列大小等信息	getColumnCount	得到数据集中的列数
		getColumnName	得到数据集中指定的列名
		getColumnLabel	得到数据集中指定的标签
		getColumnType	得到数据集中指定的数据类型
java.sql.ParameterMetaData	参数元数据是，主要是对 PreparedStatement、CallableStatement 对象中的占位符（"?"）参数进行描述	getParameterCount	获得指定参数的个数
		getParameterType	获得指定参数的 SQL 类型
		getParameterTypeName	获得指定参数类型名称

任务实施

1. 准备 DM JDBC 驱动包

DM JDBC 驱动 jar 包在达梦数据库安装目录/dmdba/dmdbms/drivers/jdbc，如图 10.2 所示。

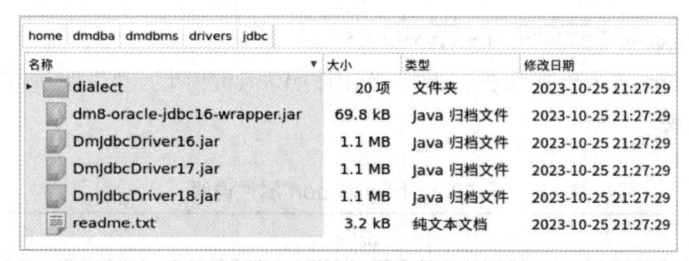

图 10.2 DM JDBC 驱动包地址图

注意：DmJdbcDriver16.jar 对应 JDK6，DmJdbcDriver17.jar 对应 JDK7，DmJdbcDriver18.jar 对应 JDK8，请根据开发环境选择合适的 DM JDBC 驱动包。

2. 达梦数据库连接流程

由于 DM JDBC 接口遵循标准 JDBC 规范，因此基于 DM JDBC 进行程序开发流程与标准 JDBC 开发流程一致，代码编写大致流程如图 10.3 所示。

（1）建立数据库连接，获得 java.sql.Connection 对象。利用 DriverManager 或者数据源来建立同数据库的连接。

（2）创建 Statement 等对象。建立数据库连接后，利用连接对象创建 java.sql.Statement 对象，也可创建 java.sql.PreparedStatement 或 java.sql.CallableStatement 对象。

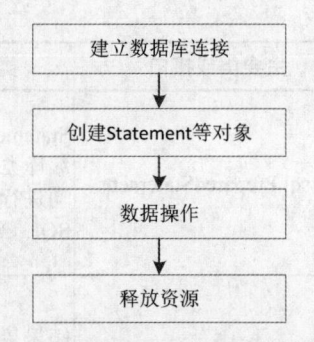

图 10.3　DM JDBC 代码编写流程

（3）数据操作。创建完 Statement 对象后，即可使用该对象执行 SQL 语句，进行数据操作。数据操作大致可分为两种类型，一种是更新操作，例如更新数据库、删除一行、创建一个新表等；另一种是查询操作，执行完查询之后，得到一个 java.sql.ResultSet 对象，可以操作该对象来获得指定列的信息、读取指定行的某一列的值。

（4）释放资源。对数据操作完成之后，用户需要释放系统资源，主要是关闭结果集、关闭语句对象，释放连接。当然，这些动作也可以由 JDBC 驱动程序自动执行，但由于 Java 语言的特点，该过程较慢（需要等到 Java 进行垃圾回收时进行），容易出现意想不到的问题。

3. 连接示例

示例：达梦数据库扩展连接串的使用。

DM JDBC 数据库连接驱动具体位置是 dm.jdbc.driver.DmDriver。

连接串的书写格式有以下两种。

（1）host、port 不作为连接属性，此时只需输入值即可。

jdbc:dm [://host][:port][?propName1=propValue1][& propName2=propValue2]...

注意：

1）若 host 不设置，则默认为'localhost'。

2）若 port 不设置，则默认为'5236'。

3）若 host 不设置，则 port 一定不能设置。

4）若 user、password 没有单独作为参数传入，则必须在连接属性中传入。

5）若 host 为 IPv6 地址，则应包含在[]中。

示例如下：

jdbc:dm://192.168.10.38:5236?resultSetType=1005

（2）host、port 作为连接属性，此时必须按照表 10.2 所示的说明进行设置，且属性名称字母大小写敏感。

表 10.2　host 和 port 属性说明

属性名称	说明	是否必须设置
host	主库地址，包括 IP、localhost 或者配置文件中主库地址，列表对应的变量名，如 dm_svc.conf 中的"o2000"	否
port	端口号，服务器登录端口号	否

连接串格式如下：

jdbc:dm:// [?propName1=propValue1] [& propName2=propValue2] [&...]...

注意：host、port 设置与否，以及在属性串中的位置没有限制。若 user、password 没有单独作为参数传入，则必须在连接属性中传入。

示例如下：

jdbc:dm:// ?host=192.168.0.96&port=5236

更多连接串属性的使用请参考《DM8 程序员手册》中"DM 扩展连接属性的使用"一节，手册位于数据库安装路径/dmdbms/doc 文件夹下。

示例代码：

```java
package java_jdbc;
import java.sql.Connection;
import java.sql.DriverManager;
import java.sql.SQLException;
public class jdbc_conn {
    static Connection con = null;
    static String cname = "dm.jdbc.driver.DmDriver";
    static String url = "jdbc:dm://localhost:5236";
    static String userid = "SYSDBA";
    static String pwd = "SYSDBA";
    public static void main(String[] args) {
        try {
            Class.forName(cname);
            con = DriverManager.getConnection(url, userid, pwd);
            con.setAutoCommit(true);
            System.out.println("[SUCCESS]conn database");
        } catch (Exception e) {
            System.out.println("[FAIL]conn database：" + e.getMessage());
        }
    }
    public void disConn(Connection con) throws SQLException {
        if (con != null) {
            con.close();
        }
    }
}
```

运行结果如图 10.4 所示。

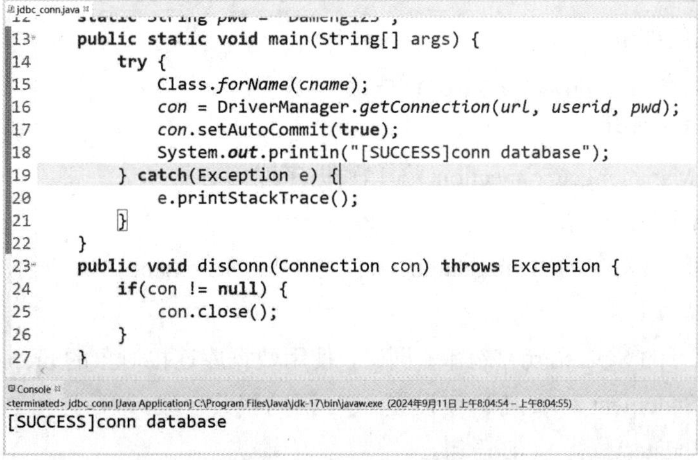

图 10.4　数据库连接结果

任务小结

JDBC是Java提供的一组独立于任何数据库管理系统的API，用于规范客户端程序如何访问数据库。JDBC定义了一套接口，使得Java程序能够以统一的方式操作多种关系型数据库，而无需针对每种数据库分别开发。这种设计体现了面向接口编程的好处，程序员可以专注于标准和规范，而不必关心具体的实现过程。JDBC的核心组成包括接口规范和实现规范，其中接口规范存储在java.sql和javax.sql包下，而实现规范则由各个数据库厂商提供，这些实现类被封装在数据库驱动JAR文件中。

使用JDBC进行数据库操作的基本流程如下：
- 注册驱动：首先需要加载相应的数据库驱动。
- 获取连接：通过DriverManager类获取数据库连接。
- 创建语句：使用Connection对象创建Statement或PreparedStatement对象，用于执行SQL语句。
- 执行查询：通过Statement或PreparedStatement对象执行SQL查询，并处理返回的结果集ResultSet。
- 事务管理：通过Connection对象进行事务的管理，包括提交和回滚操作。

总的来说，JDBC为Java开发者提供了一个标准化的方式来访问关系型数据库，通过这套API，开发者可以更加高效、安全地进行数据库操作，同时保持代码的可移植性和可维护性。

任务 10.2　数据的增删改查操作

任务描述

通过JDBC连接上DM8数据库以后，就可以对数据进行增删改查操作了。本任务用Java语言编写方法，根据用户需要，执行相应的SQL语句，实现对数据的操作。

知识准备

1. 加载驱动

加载驱动语句如下：

Class.forName("dm.jdbc.driver.DmDriver")

2. 建立数据库连接

调用DriverManager.getConnection()创建数据库连接对象。

3. 创建Statement对象

调用数据库连接对象的createStatement()方法完成Statement对象的创建。

4. 数据操作

定义需要执行的SQL语句字符串。同时，使用数据库连接对象的prepareStatement(sql)来创建PreparedStatement对象；然后，设置SQL语句相关参数；最后调用PreparedStatement对象的executeUpdate()执行SQL语句。

5. 释放资源

调用数据库连接对象的 close 方法即可关闭当前数据库连接。

任务实施

1. 基本数据操作示例

```java
package java_jdbc;
import java.sql.Connection;
import java.sql.DriverManager;
import java.sql.ResultSet;
import java.sql.SQLException;
import java.sql.Statement;
public class jdbc_operation {
    static String jdbcString = "dm.jdbc.driver.DmDriver";        //定义 DM JDBC 驱动串
    static String urlString = "jdbc:dm://localhost:5236";        //定义 DM URL 连接串
    static String userName = "SYSDBA";                            //定义连接用户名
    static String password = "Dameng123";                         //定义连接用户口令
    static Connection conn = null;                                //定义连接对象
    static Statement state = null;                                //定义 SQL 语句执行对象
    static ResultSet rs = null;                                   //定义结果集对象
    public static void main(String[] args) {
        try {
            //1.加载 JDBC 驱动程序
            System.out.println("Loading JDBC Driver...");
            Class.forName(jdbcString);
            //2.连接达梦数据库
            System.out.println("Connecting to DM Server...");
            conn = DriverManager.getConnection(urlString, userName, password);
            //3.通过连接对象创建 java.sql.Statement 对象
            state = conn.createStatement();
//--------------------------------------------------------------------------------
            //基础操作：此处对应的操作代码为示例库中 PRODUCTION 模式中的 PRODUCT_CATEGORY 表
            //增加
                //定义增加的 SQL 这里由于此表中的结构为主键，自增，只需插入 name 列的值
                String sql_insert = "insert into PRODUCTION.PRODUCT_CATEGORY"+
                "(name)values('厨艺')";
                state.execute(sql_insert);          //执行添加的 SQL 语句
            //删除
                //定义删除的 SQL 语句
                String sql_delete = "delete from PRODUCTION.PRODUCT_CATEGORY "+
                "where name = '厨艺'";
                state.execute(sql_delete);          //执行删除的 SQL 语句
            //修改
                String sql_update = "update PRODUCTION.PRODUCT_CATEGORY set "+
                "name = '国学' where name = '文学'";
                 state.execute(sql_update);
            //查询表中数据
                //定义查询 SQL
                String sql_selectAll = "select * from PRODUCTION.PRODUCT_CATEGORY";
                rs = state.executeQuery(sql_selectAll);   //执行查询的 SQL 语句
                displayResultSet(rs);
//--------------------------------------------------------------------------------
            state.executeUpdate(sql_update);
        } catch (ClassNotFoundException e) {
            e.printStackTrace();
        } catch (SQLException e) {
```

```
                    e.printStackTrace();
            } finally {
                try {
                    //关闭资源
                    rs.close();
                    state.close();
                    conn.close();
                } catch (SQLException e) {
                    e.printStackTrace();
                }
            }
        }
    }
    //显示结果集
    public static void displayResultSet(ResultSet rs) throws SQLException{
        while (rs.next()) {
            int i=1;
            Object id = rs.getObject(i++);
            Object name = rs.getObject(i++);
            System.out.println(id+"   "+name);
        }
    }
}
```

2. 大字段操作示例

（1）创建需要操作的含大字段类型的数据表。

```
CREATE TABLE "PRODUCTION"."BIG_DATA"(
    "ID" INT IDENTITY(1, 1) NOT NULL,
    "PHOTO" IMAGE,
    "DESCRIBE" BLOB,
    "TXT" CLOB,
    NOT CLUSTER PRIMARY KEY("ID")) STORAGE(ON "BOOKSHOP", CLUSTERBTR);
```

在 D 盘根目录下，创建"达梦产品简介.txt""DM8 特点.jpg"两个文件，作为文件大字段存储，如图 10.5 所示。

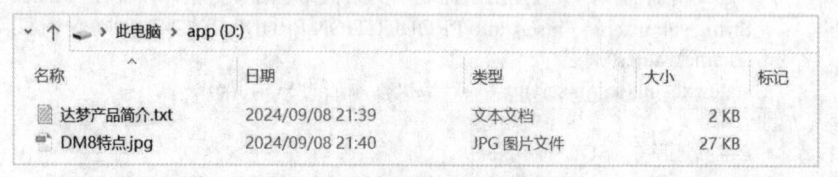

名称	日期	类型	大小	标记
达梦产品简介.txt	2024/09/08 21:39	文本文档	2 KB	
DM8特点.jpg	2024/09/08 21:40	JPG 图片文件	27 KB	

图 10.5 D 盘根目录文件展示

（2）插入大字段关键代码。

```
//插入大字段信息
    package java_jdbc;
    import java.io.BufferedInputStream;
    import java.io.BufferedReader;
    import java.io.File;
    import java.io.FileInputStream;
    import java.io.FileNotFoundException;
    import java.io.InputStream;
    import java.io.InputStreamReader;
    import java.io.UnsupportedEncodingException;
    import java.sql.Connection;
    import java.sql.DriverManager;
    import java.sql.PreparedStatement;
```

```java
import java.sql.SQLException;
public class jdbc_operate_bigData{
    //定义 DM JDBC 驱动串
    static String jdbcString = "dm.jdbc.driver.DmDriver";
    //定义 DM URL 连接串
    static String urlString = "jdbc:dm://localhost:5236";
    //定义连接用户名
    static String userName = "SYSDBA";
    //定义连接用户口令
    static String password = "Dameng123";
    //定义连接对象
    static Connection conn = null;
    //定义 SQL 语句执行对象
    static PreparedStatement pstate = null;
    public static void main(String[] args) {
        try {
            //1.加载 JDBC 驱动程序
            System.out.println("Loading JDBC Driver...");
            Class.forName(jdbcString);
            //2.连接 DM 数据库
            System.out.println("Connecting to DM Server...");
            conn = DriverManager.getConnection(urlString, userName, password);
//------------------------------------------------------------------------
            //插入大字段信息
            String sql_insert = "INSERT INTO production.BIG_DATA (\"photo\","
                + "\"describe\",\"txt\")VALUES(?,?,?);";
            pstate = conn.prepareStatement(sql_insert);
            //加载图片为输入流
            String filePath = "D:\\DM8 特点.jpg";
            File file = new File(filePath);
            String filePath2 = "D:\\达梦产品简介.txt";
            File file2 = new File(filePath2);
            InputStream in = new BufferedInputStream(new FileInputStream(file));
            InputStream in2 = new BufferedInputStream(new FileInputStream(file2));
            BufferedReader reader = new BufferedReader(
                new InputStreamReader(new FileInputStream(file2),"UTF-8"));
            //1.绑定 stream 流信息到第一个 "?"
            pstate.setBinaryStream(1, in);
            //2.绑定 Inputstream 对象到第二个 "?"
            pstate.setBlob(2, in2);
            //3.绑定 Reader 对象到第三个 "?"
            pstate.setClob(3, reader);
            pstate.executeUpdate();
//------------------------------------------------------------------------
        } catch (ClassNotFoundException e) {
            e.printStackTrace();
        } catch (SQLException e) {
            e.printStackTrace();
        } catch (FileNotFoundException e) {
            e.printStackTrace();
        } catch (UnsupportedEncodingException e) {
            e.printStackTrace();
        } finally {
            try {
                pstate.close();
                conn.close();
            } catch (SQLException e) {
```

```
                    e.printStackTrace();
                }
            }
        }
    }
```

插入数据后，数据库数据如图 10.6 所示。

- stream 以字节输入流的形式，插入 IMAGE 类型的字段，数据库保存的是图片信息。
- Blob 以字节输入流的形式，插入 BLOB 类型的字段，数据库保存的是二进制信息，如图片、音频、视频。
- Clob 以字符输入流的形式，插入 CLOB 类型的字段，数据库表中保存的是文本信息。

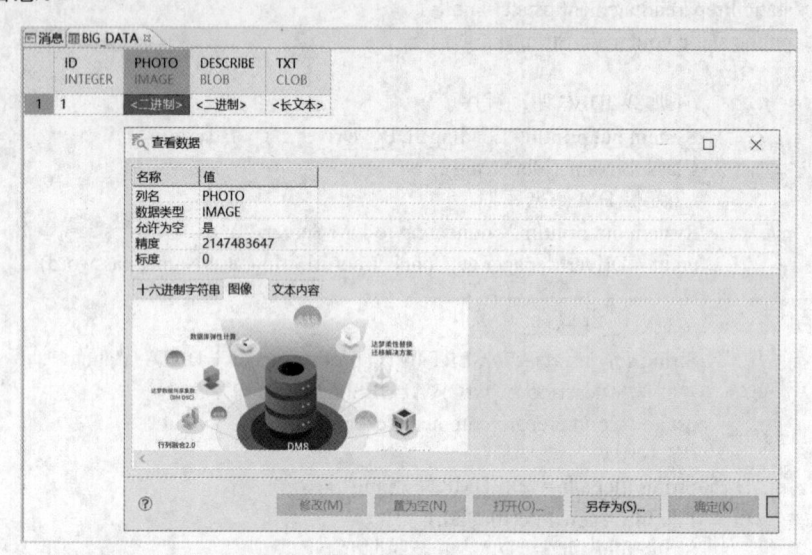

图 10.6　BIG_DATA 表中 PHOTO 字段数据

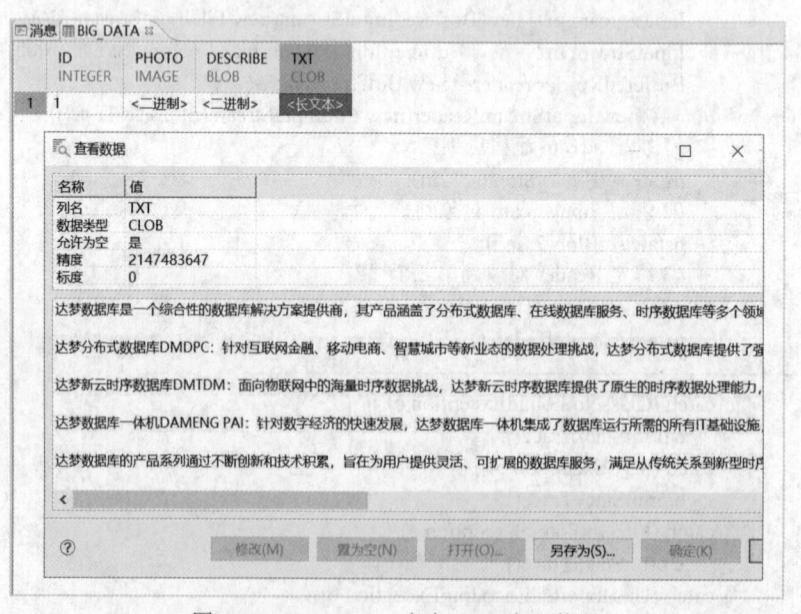

图 10.7　BIG_DATA 表中 TXT 字段数据

（3）查询大字段关键代码。

```
package java_jdbc;
import java.io.BufferedReader;
```

```java
import java.io.FileNotFoundException;
import java.io.FileOutputStream;
import java.io.IOException;
import java.io.InputStream;
import java.io.UnsupportedEncodingException;
import java.sql.Blob;
import java.sql.Clob;
import java.sql.Connection;
import java.sql.DriverManager;
import java.sql.PreparedStatement;
import java.sql.ResultSet;
import java.sql.SQLException;
public class jdbc_operate_bigData2{
    //定义 DM JDBC 驱动串
    static String jdbcString = "dm.jdbc.driver.DmDriver";
    //定义 DM URL 连接串
    static String urlString = "jdbc:dm://localhost:5236";
    //定义连接用户名
    static String userName = "SYSDBA";
    //定义连接用户口令
    static String password = "SYSDBA";
    //定义连接对象
    static Connection conn = null;
    //定义 SQL 语句执行对象
    static PreparedStatement pstate = null;
    //定义保存结果集的对象
    static ResultSet rs = null;
    //定义输入流对象
    static InputStream in = null;
    //定义输出流对象
    static FileOutputStream fos = null;
    //定义输出流对象
    static FileOutputStream fos2 = null;
    //定义高效字符流对象
    static BufferedReader reader = null;
    public static void main(String[] args) {
        try {
            //1.加载 JDBC 驱动程序
            System.out.println("Loading JDBC Driver...");
            Class.forName(jdbcString);
            //2.连接达梦数据库
            System.out.println("Connecting to DM Server...");
            conn = DriverManager.getConnection(urlString, userName, password);
//--------------------------------------------------------------
            //3.查询大字段信息 SQL 语句
            String sql_insert = "SELECT * FROM production.BIG_DATA ;";
            pstate = conn.prepareStatement(sql_insert);
            //4.创建 ResultSet 对象保存查询结果集
            rs = pstate.executeQuery();
            //5.解析结果集
            while(rs.next()) {
                //获取第一列 ID 信息
```

```java
                    int id = rs.getInt("id");
                    //获取第二列 photo 图片信息,并把该图片直接写入 D:/id_DM8 特点.jpg
                    in = rs.getBinaryStream("photo");
                    fos = new FileOutputStream("D:/"+id+"_DM8 特点.jpg");
                    int num = 0;
                    //每次从输入流中读取一个字节数据,如果没读到,指针向下继续循环
                    while((num=in.read())!=-1) {
                        //将每次读取的字节数据,写入输出流
                        fos.write(num);
                    }
                    //获取第三列的 Blob 大字段信息
                    //Blob 对象处理的是字节型大字段信息,例如图片、视频文件等
                    Blob blob = rs.getBlob("describe");
                    in = blob.getBinaryStream();
                    fos2 = new FileOutputStream("D:/"+id+"_Blob_DM8 特点.jpg");
                    //每次从输入流中读取一个字节数据,如果没读到,指针向下继续循环
                    while((num=in.read())!=-1) {
                        //将每次读取的字节数据,写入输出流
                        fos2.write(num);
                    }
                    //获取第四列的 Clob 大字段信息
                    //Clob 大字段处理的是字符型大字段信息,例如文本等数据
                    Clob clob = rs.getClob("txt");
                    reader = new BufferedReader(clob.getCharacterStream());
                    String str = null;
                    while((str=reader.readLine())!=null) {
                        //将每次读取的整行字节数据打印输出
                        System.out.println(str.toString());
                    }
                }
//------------------------------------------------------------------------
            } catch (ClassNotFoundException e) {
                e.printStackTrace();
            } catch (SQLException e) {
                e.printStackTrace();
            } catch (FileNotFoundException e) {
                e.printStackTrace();
            } catch (UnsupportedEncodingException e) {
                e.printStackTrace();
            } catch (IOException e) {
                e.printStackTrace();
            } finally {
                try {
                    //关闭资源
                    fos.close();
                    in.close();
                    rs.close();
                    pstate.close();
                    conn.close();
                } catch (SQLException e) {
                    e.printStackTrace();
                } catch (IOException e) {
```

```
                e.printStackTrace();
            }
        }
    }
}
```

运行示例前文件夹状态如图 10.8 所示。

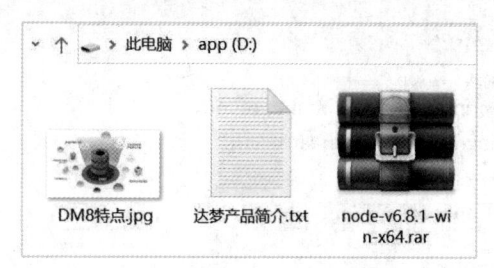

图 10.8　查询大字段结果

运行后控制台输出 Clob 里保存的大字段文本信息，如图 10.9 所示。

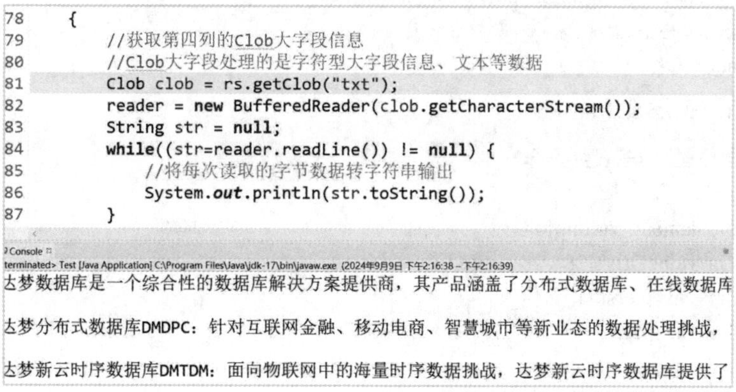

图 10.9　控制台信息

运行后读取处理 Image 大字段和 Blob 大字段后的信息，如图 10.10 所示。

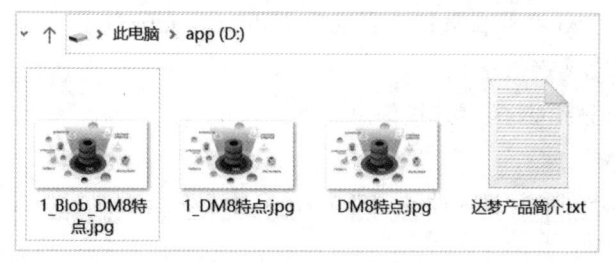

图 10.10　处理大字段结果

3. Idea 创建 SpringBoot 项目

（1）对应的依赖配置如下。

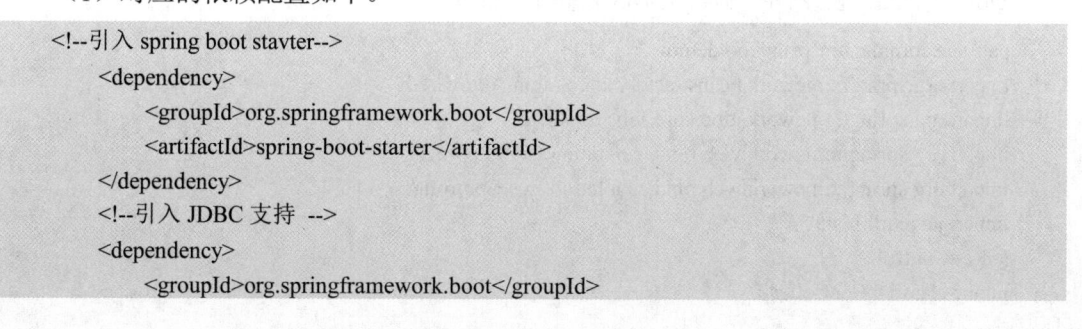

```
<!--引入 spring boot stavter-->
    <dependency>
        <groupId>org.springframework.boot</groupId>
        <artifactId>spring-boot-starter</artifactId>
    </dependency>
    <!--引入 JDBC 支持 -->
    <dependency>
        <groupId>org.springframework.boot</groupId>
```

SpringBoot 框架操作
达梦数据库

```xml
        <artifactId>spring-boot-starter-jdbc</artifactId>
    </dependency>
    <!--引入 web 支持-->
    <dependency>
        <groupId>org.springframework.boot</groupId>
        <artifactId>spring-boot-starter-web</artifactId>
    </dependency>
    <!--引入 devtools 支持-->
    <dependency>
        <groupId>org.springframework.boot</groupId>
        <artifactId>spring-boot-devtools</artifactId>
        <scope>runtime</scope>
        <optional>true</optional>
    </dependency>
    <!--引入 test-->
    <dependency>
        <groupId>org.springframework.boot</groupId>
        <artifactId>spring-boot-starter-test</artifactId>
        <scope>test</scope>
    </dependency>
```

（2）添加数据库驱动包。

```xml
<!--添加数据库驱动安装包-->
<dependency>
    <groupId>com.dameng</groupId>
    <artifactId>Dm8JdbcDriver18</artifactId>
    <version>8.1.1.193</version>
    <scope>system</scope>
    <systemPath>${project.basedir}/src/main/resources/libraries/DmJdbcDriver18-8.1.1.193.jar</systemPath>
</dependency>
```

注意：可以在本地的安装目录 dmdbms8/drivers/jdbc 下找到对应的驱动包 DmJdbcDriver18.jar，将其复制到项目的 lib 目录，再加入 maven 依赖。此处也可参照官方 jdbc 驱动手册 readme.txt 中的说明。readme.txt 存放在数据库安装目录/drivers/jdbc 下。

（3）配置数据库连接信息。

在 application.properties 配置连接信息如下：

```
#数据库的连接配置
spring.datasource.url=jdbc:dm://localhost:5236
spring.datasource.username=SYSDBA
spring.datasource.password=SYSDBA
spring.datasource.driver-class-name=dm.jdbc.driver.DmDriver
```

（4）编写测试代码。

创建一个测试使用的控制器类 DbController.java。

```java
package com.dm.dmspringbootdemo;
import org.springframework.beans.factory.annotation.Autowired;
import org.springframework.jdbc.core.JdbcTemplate;
import org.springframework.web.bind.annotation.GetMapping;
import org.springframework.web.bind.annotation.RestController;
import java.util.List;
@RestController
public class DbController {
```

```
    /**
     * 注入 jdbcTemplate 模板对象
     */
    @Autowired
    private JdbcTemplate jdbcTemplate;
    @GetMapping("/getVersion")
    public List getVersion() {
        return jdbcTemplate.queryForList("SELECT banner as 版本信息 FROM v$version");
    }
}
```

（5）验证连接是否成功。

启动应用程序，在浏览器上访问 http://localhost:8080/getVersion，如果返回如下信息（数据库版本信息），则表示连接成功。

```
[{"版本信息":"DM Database Server 64 V8\n"},{"版本信息":"DB Version: 0x7000a"}]
```

任务小结

（1）JDBC 中使用 setNull 方法给 varchar 类型绑定空值报错：字符串转换出错。

问题描述：通过如下语句给 varchar 类型绑定空值报错"字符转换出错"。

```
String sql = "select * from sysobjects where name=?";
PreparedStatement stmt = conn.prepareStatement(sql);
stmt.setNull(1, 0);
stmt.execute();
conn.commit();
```

问题解决：出现该报错是由于达梦默认 null 和空串不等价，解决办法如下：

- 修改 dm.ini，令 COMPATIBLE_MODE = 2。
- 重启数据库服务后生效。

（2）在 JDBC 程序中获取存储过程的元数据信息。

问题描述：利用如下程序获取存储过程的元数据信息，执行完后获取的元数据信息为空，JDBC 程序代码片段如下。

```
DatabaseMetaData dbMetaData = conn.getMetaData();
ResultSet rs = dbMetaData.getProcedureColumns("PERSONPACKAGE", dbMetaData.getUserName(), "ADDPERSON", null);
ResultSet rs = dbMetaData.getProcedureColumns("PERSONPACKAGE", dbMetaData.getUserName(), "ADDPERSON", null);
System.out.println("Get getProcedureColumns：");
while (rs.next()) {
    System.out.println("PROCEDURE_NAME："+rs.getString("PROCEDURE_NAME"));
    System.out.println("COLUMN_NAME："+rs.getString("COLUMN_NAME"));
}
```

问题解决：需要 JDBC 打开兼容 Oracle 模式，在 JDBC 的 URL 串中添加 compatibleMode=oracle。语句如下：

```
jdbc:dm//localhost:5236?compatibleMode=oracle
```

（3）JDBC 驱动连接数据库报错：failed to initialize ssl。

问题描述：未配置 SSL 环境而使用 SSL 登录。

问题解决：可以关闭 SSL 参数。使用 SYSDBA 登录执行如下语句。

SP_SET_PARA_VALUE(2,'ENABLE_ENCRYPT',0);

然后重启达梦数据库服务即可。

习 题 10

1. ＿＿＿＿＿方法用来执行增、删、改的 SQL 语句；＿＿＿＿＿用来执行带 ResultSet 返回结果的查询 SQL 语句。

2. ResultSet 对象的＿＿＿＿＿方法可以让结果集指针向下移动一个位置。

3. ＿＿＿＿＿方法用来关闭与数据库的连接。

单元 11　基于 Python 语言的达梦数据库操作

单元导读

Python 是一个高层次的结合了解释性、编译性、互动性和面向对象的脚本语言。运行 Python 程序需要解释器的支持，只要在不同的平台安装不同的解释器，Python 代码就可以跨平台运行，可移植性强，不用担心任何兼容性问题。

dmPython 是达梦提供的依据 Python DB API version 2.0 中 API 使用规定而开发的数据库访问接口。dmPython 实现这些 API，使 Python 应用程序能够对达梦数据库进行访问。

dmPython 通过调用达梦 DPI 接口完成 Python 模块扩展。在其使用过程中，除 Python 标准库以外，还需要 DPI 的运行环境。

本单元学习 Python 语言与达梦数据库的连接，以及用 Python 语言操作达梦数据库，实现对数据的增删改查操作。在教学过程中，让学生感受国产数据库的强大和安全，同时培养整体化的项目思维，用项目思维来分析和解决问题。

品德塑造

通过配置 dmPython 驱动，彰显国产化生态构建的战略价值。在编写连接代码时，强调参数加密、上下文管理器安全关闭连接等细节，结合《中华人民共和国数据安全法》的规范要求，传递"安全无小事，一行代码影响千万数据"的责任意识，将技术实操升华为"用自主代码守护社会信任"的职业信念，塑造学生"以技术立本，以伦理立身"的数字公民素养。

单元目标

知识目标

- 学会用 Python 语言连接达梦数据库。
- 学会用 Python 语言操作达梦数据库，实现数据的增删改查操作。

能力目标

- 能够熟练调用 dmPython 常用函数并正确使用。
- 能够用 Python 语言连接达梦数据库，并实现对数据的增删改查操作。

素养目标

- 培养整体项目化思维。
- 培养用项目化思维分析问题和解决问题的能力。

任务 11.1　达梦数据库的连接

任务描述

Python 是一种高级的编程语言，它具有简单易学、功能丰富、适用于各种应用场景等特点。而达梦数据库在大型企业和政府机构中得到了广泛应用。在实际应用中，经常需要使用 Python 与达梦数据库进行数据交互，因此学习如何在 Python 中建立与达梦数据库的连接具有重要的意义。本任务将学习使用 Python 语言连接达梦数据库。

知识准备

dmPython 可以运行在任何安装了 Python 的平台上，可以使用安装包安装，也可以直接用源码安装。使用源码安装时，dmPython 编译依赖 DM_HOME 目录下的 include 和 drivers/python/dmpython 中的相关头文件，需要确保系统中存在 DM_HOME 环境变量并且路径正确。另外，需要保证 DPI 和 dmPython 版本一致，都是 32 位或都是 64 位。

dmPython 的运行需要使用 DPI 动态库，用户应将 DPI 所在目录（一般为 DM 安装目录中的/drivers/dpi 目录）加入系统环境变量。

1. 配置环境变量

配置 DM_HOME 环境变量如图 11.1 所示。

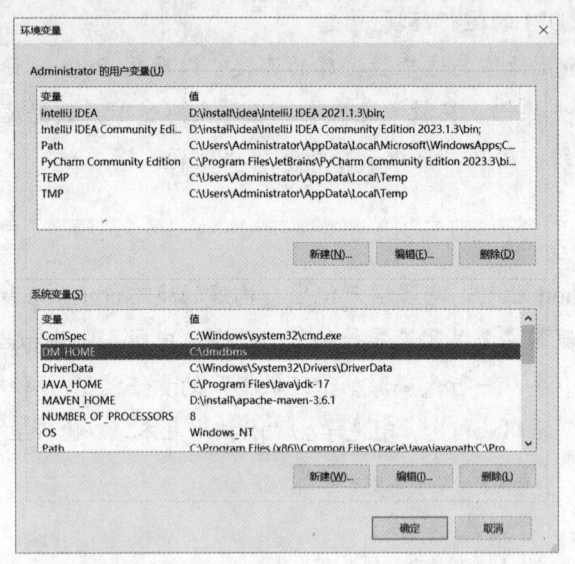

图 11.1　配置 DM_HOME 环境变量

设置系统变量 Path 如图 11.2 所示。

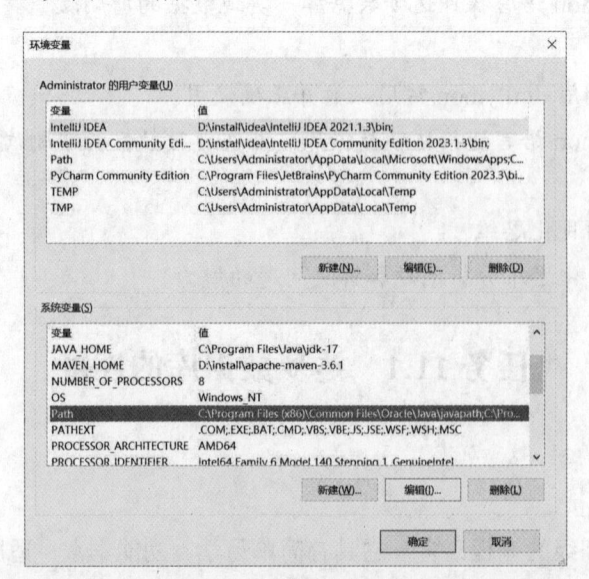

图 11.2　设置系统变量 Path

新建环境变量如图 11.3 所示。

图 11.3　新建环境变量

增加 DPI 环境变量如图 11.4 所示。

图 11.4　增加 DPI 环境变量

2. 安装 dmPython

（1）Windows 环境下安装。

首先，安装 Python 软件；其次，安装 dmPython 驱动；最后，基于 dmPython 编程规范，使用 Python 测试达梦数据库连接。

安装 dmPython 驱动参考如下，打开 cmd 窗口，执行如下命令，如图 11.5 所示。

C:\Users\chengqing>pip3 install dmpython -i https://pypi.tuna.tsinghua.edu.cn/simple

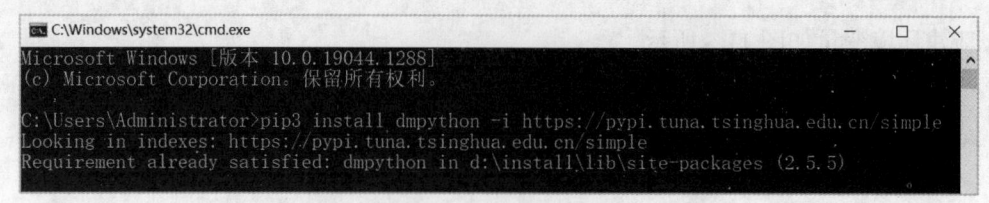

图 11.5　cmd 命令行窗口

执行 pip3 list 查看 dmPython 版本信息，如图 11.6 所示。

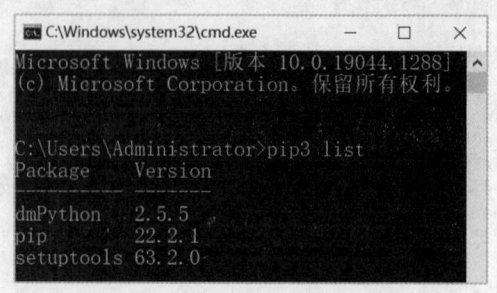

图 11.6　查看 dmPython 版本

（2）Linux 环境下安装。

首先，安装 Python 软件；其次，安装 dmPython 驱动。

1）解压、安装 Python 软件（以 Python3.9.6 版本为例）。

```
[root@KylinDCA04 opt]# tar -xzvf Python-3.9.6.tgz
```

源码安装"三部曲"：配置、编译、安装。

进入 Python 源码目录（解压后的目录）。

```
[root@KylinDCA04 Python-3.9.6]# ./configure --prefix=/usr/local/python3
[root@KylinDCA04 Python-3.9.6]# make
[root@KylinDCA04 Python-3.9.6]# make install
```

2）安装 dmPython 驱动。

方式一：pip 联机安装 dmPython（联网下载并安装）。

```
[root@Kylin dmPython]# pip3 install dmpython
```

方式二：pip 脱机安装 dmPython。

访问 https://pypi.org/simple/dmpython/，下载对应版本的 dmPython*.whl 文件。以适配 Python3.12 的版本为例，Windows 64 位系统可下载 dmPython-2.5.5-cp312-cp312-win_amd64.whl，银河麒麟 V10 系统可下载 dmPython-2.5.5-cp312-cp312-manylinux_2_17_x86_64.manylinux2014_x86_64.whl，执行如下安装命令（install 命令后面是下载的 dmPython 安装包 whl 文件）。

```
[root@Kylin dmPython]# pip3 install dmPython-2.5.5-cp312-cp312-manylinux_2_17_x86_64.manylinux2014_x86_64.whl
```

方式三：dmPython 源码安装。

获取 dmPython 源码（默认在 DM 安装目录 drivers/python/dmPython 下），使用 root 用户执行如下命令安装 dmPython 驱动。

```
[root@Kylin dmPython]# python3 setup.py install
running install
running bdist_egg
running egg_info
```

```
creating dmPython.egg-info
writing dmPython.egg-info/PKG-INFO
writing dependency_links to dmPython.egg-info/dependency_links.txt
writing top-level names to dmPython.egg-info/top_level.txt
writing manifest file 'dmPython.egg-info/SOURCES.txt'
reading manifest file 'dmPython.egg-info/SOURCES.txt'
writing manifest file 'dmPython.egg-info/SOURCES.txt'
installing library code to build/bdist.linux-x86_64/egg
running install_lib
running build_ext
building 'dmPython' extension
……
Installed /usr/local/lib64/python3.7/site-packages/dmPython-2.5.1-py3.7-linux-x86_64.egg
Processing dependencies for dmPython==2.5.1
Finished processing dependencies for dmPython==2.5.1
```

3. dmPython 包

dmPython 包提供 dmPython.connect 方法连接达梦数据库，方法参数为连接属性。所有连接属性及含义见表 11.1。

表 11.1 连接属性及含义

属性名	含义
user	登录用户名，默认为 SYSDBA
password	登录密码，默认为 SYSDBA
dsn	包含主库地址和端口号的字符串，格式为"主库地址:端口号"
host/server	主库地址，包括 IP 地址、localhost 或者主库名，默认为 localhost，注意 host 和 server 关键字只允许指定其中一个，含义相同。
port	端口号，服务器登录端口号，默认为 5236
access_mode	连接的访问模式，默认为读写模式
autoCommit	DML 操作是否自动提交，默认为 TRUE
connection_timeout	执行超时时间（s），默认为 0，表示不限制
login_timeout	登录超时时间（s），默认为 5
app_name	应用程序名
compress_msg	消息是否压缩，压缩算法加载成功时为 TRUE，否则为 FALSE
use_stmt_pool	是否开启语句句柄缓存池，默认为 TRUE
ssl_path	SSL 证书所在的路径，默认为空
ssl_pwd	SSL 加密密码，只允许在连接前设置，不允许读取
mpp_login	是否以 LOCAL 方式登录 MPP 系统，默认为 FALSE，表示以 GLOBAL 方式登录 MPP 系统
crypto_name	加密方式，只允许在连接前设置，不允许读取。必须与 certificate 配合使用
certificate	加密密钥，只允许在连接前设置，不允许读取。必须与 crypto_name 配合使用
rwseparate	是否启用读写分离方式，默认为 FALSE
rwseparate_percent	读写分离比例（%），默认为 25
cursor_rollback_behavior	回滚后游标的状态，默认为不关闭游标
lang_id	错误消息的语言，默认为中文

续表

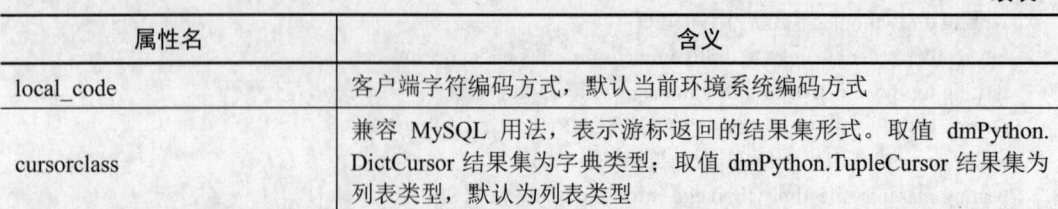

属性名	含义
local_code	客户端字符编码方式，默认当前环境系统编码方式
cursorclass	兼容 MySQL 用法，表示游标返回的结果集形式。取值 dmPython.DictCursor 结果集为字典类型；取值 dmPython.TupleCursor 结果集为列表类型，默认为列表类型

dmPython 主要模块见表 11.2。

表 11.2　dmPython 主要模块

方法原型或对象	说明
connect(*args, **kwargs)	创建与数据库的连接并返回一个 connection 对象。参数为连接属性，所有连接属性都可以用关键字指定，在 connection 连接串中，没有指定的关键字都按照默认值处理
Date(year,month,day)	日期类型对象
DateFromTicks(ticks)	指定 ticks（从新纪元开始的秒值）构造日期类型对象
Time(hour[,minute[,second[,microsecond[,tzinfo]]]])	时间类型对象
TimeFromTicks(ticks)	指定 ticks（从新纪元开始的秒值）构造时间类型对象
Timestamp(year,month,day[,hour[,minute[,second[,microsecond[,tzinfo]]]]])	时间戳类型对象，对应达梦数据库中的 TIMESTAMP 和 TIMESTAMP WITH LOCAL TIME ZONE 本地时区类型
TimestampFromTicks(ticks)	指定 ticks（从新纪元开始的秒值）构造日期时间类型对象
StringFromBytes(bytes)	将二进制字符串转换为相应的字符串表示
NUMBER	用于描述达梦数据库中的 BYTE/TINYINT/SMALLINT/INT/INTEGER 类型
BIGINT	用于描述达梦数据库中的 BIGINT 类型
ROWID	用于描述达梦数据库中的 ROWID，ROWID 列在达梦数据库中是伪列，用来标识数据库基表中每一条记录的唯一键值，实际上在表中并不存在。允许查询 ROWID 列，不允许进行增删改操作
DOUBLE	用于描述达梦数据库中的 FLOAT/DOUBLE/DOUBLE PRECISION 类型
REAL	用于描述达梦数据库中的 REAL 类型（映射为 C 语言中的 float 类型），由于 Python 不支持单精度浮点数类型（float），查询到的结果转换为 double 输出后，可能会和实际值在小数位上有出入
DECIMAL	用于描述达梦数据库中的 NUMERIC/NUMBER/DECIMAL/DEC 类型，用于存储零、正负定点数
STRING	用于描述达梦数据库中的变长字符串类型（VARCHAR/VARCHAR2）
FIXED_STRING	用于描述达梦数据库中的定长字符串类型（CHAR/CHARACTER）
UNICODE_STRING	在 Python2.x 版本中 dmPython 支持的类型，表示变长的 UNICODE 字符串
FIXED_UNICODE_STRING	在 Python2.x 版本中 dmPython 支持的类型，表示定长的 UNICODE 字符串
BINARY	用于描述达梦数据库中的变长二进制类型（VARBINARY），以十六进制显示

续表

方法原型或对象	说明
FIXED_BINARY	用于描述达梦数据库中的定长二进制类型（BINARY），以十六进制显示
BOOLEAN	用于描述达梦数据库中的 BIT 类型，对应 Python 中的 True/False
BLOB、CLOB、LOB	用于描述达梦数据库中大字段数据类型。其中，dmPython.BLOB 和 dmPython.CLOB 分别用于描述 BLOB 和 CLOB 数据类型；dmPython.LOB 用于描述用户获取大字段对象后，在外部操作大字段对象类型，拥有自己的操作方法
BFILE、exBFILE	用于描述达梦数据库中 BFILE 数据类型。其中，dmPython.BFILE 用于描述 BFILE 数据类型；dmPython.exBFILE 用于描述用户获取 BFILE 对象后，用于在外部操作 BFILE 对象类型，拥有自己的操作方法
INTERVAL	日期间隔类型对象（年月间隔类型不包括在内），用于描述列属性
YEAR_MONTH_INTERVAL	日期间隔类型中的年月间隔类型，用于描述列属性。由于 Python 没有提供具体的年月间隔接口，插入时需要使用字符串方式
TIME_WITH_TIMEZONE	带时区的 TIME 类型，用于描述达梦数据库中的 TIME WITH TIME ZONE 类型，是标准时区类型。由于 Python 没有提供具体的时区类型接口，插入时需要使用字符串方式
TIMESTAMP_WITH_TIMEZONE	带时区的 TIMESTAMP 类型，用于描述达梦数据库中的 TIMESTAMP WITH TIME ZONE 类型，为标准时区类型，由于 Python 没有提供具体的时区类型接口，插入时需要使用字符串方式
CURSOR	游标类型，支持使用游标作为存储过程或存储函数的绑定参数，以及存储函数的返回值类型
Error	dmPython 的错误类型，保存 dmPython 模块执行中的异常
objectvar(connection,name[pkgname,schema])	构造 OBJECT 对象，可以是数组（ARRAY/SARRAY），也可以是结构体（CLASS、RECORD）

dmPython 的主要常量见表 11.3。

表 11.3　dmPython 的主要常量

常量	说明
apilevel	支持的 Python DB API 版本。当前使用 2.0 版本
threadsafety	支持线程的安全级别。当前值为 1，线程可以共享模块，但不能共享连接
paramstyle	支持的标志参数格式。当前值为 qmark，支持 "?" 按位置顺序绑定，不支持按名称绑定参数
version	dmPython 的版本号
buildtime	扩展属性，记录 dmPython 创建时间
SHUTDOWN_DEFAULT	服务器关闭 shutdown 命令类型常量：默认值，正常关闭
SHUTDOWN_ABORT	服务器关闭 shutdown 命令类型常量：强制关闭
SHUTDOWN_IMMEDIATE	服务器关闭 shutdown 命令类型常量：立即关闭

续表

常量	说明
SHUTDOWN_TRANSACTIONAL	服务器关闭 shutdown 命令类型常量：等待事务都完成后关闭
SHUTDOWN_NORMAL	服务器关闭 shutdown 命令类型常量：正常关闭
DEBUG_CLOSE	服务器 debug 命令类型常量：关闭服务器调试
DEBUG_OPEN	服务器 debug 命令类型常量：打开服务器调试，记录 SQL 日志为非切换模式，输出的日志为详细模式
DEBUG_SWITCH	服务器 debug 命令类型常量：打开服务器调试，记录 SQL 日志为切换模式，输出的日志为详细模式
DEBUG_SIMPLE	服务器 debug 命令类型常量：打开服务器调试，记录 SQL 日志为非切换模式，输出日志为简单模式
ISO_LEVEL_READ_DEFAULT	会话事务隔离级别的常量：默认隔离级，即服务器的隔离级是读提交
ISO_LEVEL_READ_UNCOMMITTED	会话事务隔离级别的常量：未提交可读
ISO_LEVEL_READ_COMMITTED	会话事务隔离级别的常量：读提交
ISO_LEVEL_REPEATABLE_READ	会话事务隔离级别的常量：重复读，暂不支持
ISO_LEVEL_SERIALIZABLE	会话事务隔离级别的常量：串行化
DSQL_MODE_READ_ONLY	连接访问属性值：以只读的方式访问数据库
DSQL_MODE_READ_WRITE	连接访问属性值：以读写的方式访问数据库
DSQL_AUTOCOMMIT_ON	自动提交属性常量：打开自动提交开关
DSQL_AUTOCOMMIT_OFF	自动提交属性常量：关闭自动提交开关
LANGUAGE_CN	支持语言类型常量：中文
LANGUAGE_EN	支持语言类型常量：英文
DSQL_TRUE/DSQL_FALSE	支持的 bool 类型的表达常量：TRUE/FALSE
DSQL_RWSEPARATE_ON/DSQL_RWSEPARATE_OFF	关于读写分离开关的相关属性常量：打开读写分离/关闭读写分离
DSQL_TRX_ACTIVE/DSQL_TRX_COMPLETE	事务处于活动状态/事务执行完成
DSQL_MPP_LOGIN_GLOBAL/DSQL_MPP_LOGIN_LOCAL	MPP 登录方式的相关属性常量：全局登录/本地登录
DSQL_CB_PRESERVE/DSQL_CB_CLOSE	回滚后不关闭游标/回滚后关闭游标

dmPython 主要类和接口见表 11.4。

表 11.4 dmPython 的主要类和接口

主要类或接口	类或接口说明	主要属性或函数	函数说明
Connection	达梦数据库连接	cursor()	构造一个当前连接上的 cursor 对象，用于执行操作
		commit()	手动提交当前事务。如果设置了非自动提交模式，可以调用该方法手动提交
		rollback()	手动回滚当前未提交的事务
		close()，disconnect()	关闭与数据库的连接
		debug([debugType])	打开服务器调试，可以指定 dmPython.DebugType 的一种方式打开，不指定则使用默认方式 dmPython.DEBUG_OPEN 打开

续表

主要类或接口	类或接口说明	主要属性或函数	函数说明
Connection	达梦数据库连接	shutdown([shutdownType])	关闭服务器，可以指定 dmPython.ShutdownType 的一种方式关闭，不指定则使用默认方式 dmPython.SHUTDOWN_DEFAULT 关闭
		explain(sql)	返回指定 SQL 语句的执行计划
		access_mode	连接访问模式，对应 DPI 属性 DSQL_ATTR_ACCESS_MODE，可以设置为 dmPython.accessMode 的一种连接访问模式
		async_enable	允许异步执行，读写属性，对应 DPI 属性 DSQL_ATTR_ASYNC_ENABLE，暂不支持
		auto_ipd	是否自动分配参数描述符，只读属性，对应 DPI 属性 DSQL_ATTR_AUTO_IPD
		compress_msg	消息是否压缩，对应 DPI 属性 DSQL_ATTR_COMPRESS_MSG，仅能在创建连接时通过关键字 compress_msg 进行设置
		rwseparate/rwseparate_percent	读写分离相关属性，分别对应 DPI 属性 DSQL_ATTR_RWSEPARATE 和 DSQL_ATTR_RWSEPARATE_PERCENTConnection.rwseparate 可以设置为 dmPython.rwseparate 的取值
		server_version	服务器版本号，只读属性
		current_schema	当前模式，只读属性，对应 DPI 属性 DSQL_ATTR_CURRENT_SCHEMA。用户可通过执行 SQL 语句 set schema 来更改当前模式
		server_code	服务器端编码方式，只读属性，对应 DPI 属性 DSQL_ATTR_SERVER_CODE
		local_code	客户端本地的编码方式，对应 DPI 属性 DSQL_ATTR_LOCAL_CODE
		lang_id	错误消息的语言，仅能在创建连接时通过关键字 lang_id 进行设置。对应 DPI 属性 DSQL_ATTR_LANG_ID
		app_name	应用程序名称，仅能在连接创建时通过关键字 app_name 设置目标应用名称。对应 DPI 属性 DSQL_ATTR_APP_NAME
		txn_isolation	会话的事务隔离级别，对应 DPI 属性 DSQL_ATTR_TXN_ISOLATION
		autoCommit	DML 语句是否自动提交，可以设置为 dmPython.autoCommit 的取值。与 DPI 属性 DSQL_ATTR_AUTOCOMMIT 对应
		connection_dead	检查连接是否存活，对应 DPI 属性 DSQL_ATTR_CONNECTION_DEAD，尚未支持
		connection_timeout	连接超时时间，以秒为单位，0 表示不限制。对应 DPI 属性 DSQL_ATTR_CONNECTION_TIMEOUT

续表

主要类或接口	类或接口说明	主要属性或函数	函数说明
Connection	达梦数据库连接	login_timeout	登录超时时间，以秒为单位，对应 DPI 属性 DSQL_ATTR_LOGIN_TIMEOUT
		packet_size	网络数据包大小，对应 DPI 属性 DSQL_ATTR_PACKET_SIZE
		dsn	当前连接的 IP 和端口号，仅允许在建立连接时进行设置，连接建立后，只允许读
		user	当前登录的用户名，只读属性，对应 DPI 属性 DSQL_ATTR_LOGIN_USER
		port	当前登录数据库服务器的端口号，仅允许在创建连接时进行设置，连接创建后，只可读。对应 DPI 属性 DSQL_ATTR_LOGIN_PORT
		server	登录服务器的主库，只读属性，对应 DPI 属性 DSQL_ATTR_LOGIN_SERVER
		inst_name	当前登录服务器的实例名称，只读属性，对应 DPI 属性 DSQL_ATTR_INSTANCE_NAME
		mpp_login	MPP 登录方式，仅允许在创建连接时进行设置，可设置为 dmPython.mpp_login 的取值，连接创建后，只可读。对应 DPI 属性 DSQL_ATTR_MPP_LOGIN
		str_case_sensitive	字符字母大小写是否敏感，只读属性，对应 DPI 属性 DSQL_ATTR_STR_CASE_SENSITIVE
		max_row_size	行最大字节数，只读属性，对应 DPI 属性 DSQL_ATTR_MAX_ROW_SIZE
		server_status	DM 服务器的模式和状态，只读属性
		warning	最近一次警告信息，只读属性
		current_catalog	当前连接的数据库实例名，只读属性
		trx_state	事务状态，只读属性
		use_stmt_pool	是否开启语句句柄缓存池，仅允许在创建连接时进行设置
		ssl_path	SSL 证书所载的路径，仅允许在创建连接时进行设置，连接创建后，只可读，对应 DPI 属性 DSQL_ATTR_SSL_PATH
		cursor_rollback_behavior	回滚后游标的状态，仅允许在创建连接时进行设置，可设置为 dmPython.cursor_rollback_behavior 的取值，连接创建后，只可读，对应 DPI 属性 DSQL_ATTR_CURSOR_ROLLBACK_BEHAVIOR
Cursor		Cursor.callproc (procname,*arg)	调用存储过程，返回执行后的所有输入输出参数序列。如果存储过程带参数，则必须为每个参数键入一个值，包括输出参数 procname：存储过程名称，字符串类型 args：存储过程的所有输入输出参数
		Cursor.callfunc (funcname, *args)	调用存储函数，返回存储函数执行的返回值以及所有参数值。返回序列中第一个元

续表

主要类或接口	类或接口说明	主要属性或函数	函数说明
Cursor			素为函数返回值，后面的是函数的参数值。如果存储函数带参数，则必须为每个参数键入一个值包括输出参数 funcname：存储函数名称，字符串类型；args：存储函数的所有参数
		prepare(sql)	准备给定的 SQL 语句。后续可以不指定 sql，直接调用 execute
		Cursor.execute(sql[, parameters]|[,**kwargsParams])	执行给定的 SQL 语句，给出的参数值和 SQL 语句中的绑定参数从左到右一一对应。如果给出的参数个数小于 SQL 语句中需要绑定的参数个数或者给定参数名称绑定时未找到，则剩余参数按照 None 值自动补齐。若给出的参数个数多于 SQL 语句中需要绑定参数个数，则自动忽略
		Cursor.executedirect(sql)	执行给定的 SQL 语句，不支持参数绑定
		Cursor.executemany(sql,sequence_of_params)	对给定的 SQL 语句进行批量绑定参数执行。参数用各行的 tuple 组成的序列给定
		close()	关闭 Cursor 对象
		fetchone()，next()	获取结果集的下一行，返回一行的各列值，返回类型为 tuple。如果没有下一行返回 None
		Cursor.fetchmany([rows=Cursor.arraysize])	获取结果集的多行数据，获取行数为 rows，默认获取行数为属性 Cursor.arraysize 值。返回类型为由各行数据的 tuple 组成的 list，如果 rows 小于未读的结果集行数，则返回 rows 行数据，否则返回剩余所有未读取的结果集
		fetchall()	获取结果集的所有行。返回所有行数据，返回类型为由各行数据的 tuple 组成的 list
		nextset()	获取下一个结果集。如果不存在下一个结果集则返回 None，否则返回 True。可以使用 fetchXXX()获取新结果集的行值
		Cursor.setinputsizes(sizes)	在执行操作（executeXXX、callFunc、callProc）之前调用，为后续执行操作中所涉及参数预定义内存空间，每项对应一个参数的类型对象，若指定一个整数数字，则认为对应字符串类型最大长度
		Cursor.setoutputsize(size[,column])	为某个结果集中的大字段（BLOB/CLOB/LONGVARBINARY/LONGVARCHAR）类型设置预定义缓存空间。若未指定 column，则 size 对所有大字段值起作用。对于大字段类型，dmPython 均以 LOB 的形式返回，故此处无特别作用，仅按标准实现
		bindarraysize	与 setinputsizes 结合使用，用于指定预先申请的待绑定参数的行数

续表

主要类或接口	类或接口说明	主要属性或函数	函数说明
Cursor		Arraysize	fetchmany()一次获取结果集的行数，默认值为50
		statement	最近一次执行的 SQL 语句，只读属性
		with_rows	是否存在非空结果集，只读属性，True 表示非空结果集，False 表示空结果集
		lastrowid	最近一次操作影响的行的 rowid，只读属性。对于 INSERT/UPDATE/DELETE 操作可以查询到 lastrowid 值，其他操作返回 None
		connection	当前 Cursor 对象所在的数据库连接，只读属性
		description	结果集所有列的描述信息，只读属性。描述信息格式为 tuple(name, type_code, display_size, internal_size, precision, scale, null_ok)
		column_names	当前结果集的所有列名序列，只读属性
		rowcount	最后一次执行查询产生的结果集总数，或者执行插入和更新操作影响的总行数，只读属性。若无法确定，则返回-1
		rownumber	当前所在结果集的当前行号，从 0 开始，只读属性。若无法确定，则返回-1
Lob	Lob 是允许用户独立操作的 LOB 对象描述，包括 CLOB 和 BLOB 对象，对应 dmPython.LOB	read([offset[,length]])	读取 LOB 对象从偏移 offset 开始的 length 个值，并返回。若为 CLOB 数据对象，则 offset 对应字符偏移位置，length 对应字符个数，返回数据为字符串；若为 BLOB 数据对象，则 offset 对应字节偏移位置，length 对应字节个数，返回数据为二进制字节对象。offset 默认为 1，length 默认为 LOB 数据的总长度
		write(value[,offset])	向 LOB 对象中从偏移位置 offset 开始写入数据 value，并返回实际写入数据的字节个数。若为 CLOB 数据对象，则 offset 对应字符偏移位置；若为 BLOB 数据对象，offset 对应字节偏移位置。offset 默认为 1
		size()	返回 LOB 数据对象数据长度。若为 CLOB 对象，返回字符个数；BLOB 对象，返回字节个数
		truncate([newSize])	截断 LOB 对象，使截断后数据大小为 newSize。对于 CLOB 对象，newSize 对应字符个数；对于 BLOB 对象，newSize 对应字节个数。newSize 默认为 0
		__reduce__()	LOB 对象的归纳操作，包括 LOB 对象数据类型和数据内容，对于每个字段值最多显示 1000 个字符，BLOB 前导字符的"0x"除外。也可以通过 str 或者 print 方法查看每个字段的字符串值，最多 1000 个字符

续表

主要类或接口	类或接口说明	主要属性或函数	函数说明
exBFILE	exBFILE 是允许用户独立操作的 BFILE 对象描述，对应 dmPython.exBFILE	read([offset[,length]])	读取 exBFILE 对象从偏移 offset 开始的 length 个值，并返回。offset 必须大于等于 1
		size()	返回 BFILE 数据对象数据长度
Object	数据对象	getvalue()	以链表方式返回当前 Object 对象的数据值。若当前对象尚未赋值，则返回空
		setvalue(value)	为 Object 对象设置值 value。执行后，若 Object 原存在值，则覆盖原对象值
		type	只读属性，Object 对象的类型描述
		valuecount	只读属性，Object 对象所能容纳的数字个数或者已经存在的数字个数（数组类型）

任务实施

1. Windows 环境建立连接

Python 连接达梦数据库如图 11.7 所示。

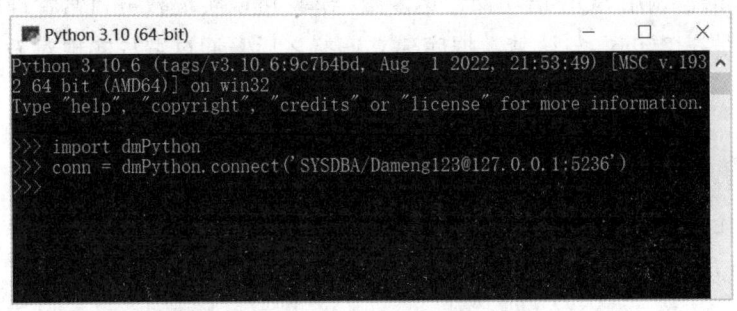

图 11.7　Python 连接达梦数据库

在 Python 命令行窗口，导入 dmPython，通过指定账号、密码、IP 地址和端口号建立连接，没有异常提示，表示连接成功。

2. Linux 环境建立连接

进入 Python 解释器，执行 import dmPython，如果不报错，则表示导入 dmPython 成功。

使用 dmPython.connect 即可连接达梦数据库（指定用户名、密码、IP 和端口信息）。

注意，执行之前需设置 LD_LIBRARY_PATH 环境变量。dmPython 运行依赖 DM DPI 环境，这里将执行 DM DPI 驱动所在目录（DM 安装目录 drivers/dpi 下）。

```
[root@Kylin ~]# export LD_LIBRARY_PATH=$LD_LIBRARY_PATH:/dm8/drivers/dpi
[root@Kylin ~]# /usr/bin/python3
Python 3.9.6 (default, Mar  2 2021, 02:43:11)
[GCC 7.3.0] on linux
Type "help", "copyright", "credits" or "license" for more information.
>>> import dmPython
>>> conn = dmPython.connect('SYSDBA/Dameng123@localhost:5236')
>>>
```

输入 Python 代码后，没有提示异常，表示连接成功。

任务小结

（1）Python 程序连接达梦数据库，分三个步骤：

步骤 1：安装 Python。

步骤 2：安装 dmPython。

步骤 3：编写 Python 程序连接达梦数据库。

（2）Python 连接达梦数据库注意事项：

1）确保达梦数据库服务正在运行，且网络配置允许客户端连接。

2）检查是否需要配置防火墙以允许通过特定端口连接。

3）用户名、密码、主机、端口和数据库名称应根据实际情况进行替换。

4）在使用完毕后，应当关闭 cursor 和连接，释放资源。

任务 11.2　数据的增删改查操作

任务描述

用 Python 语言调用 SQL 语句操作达梦数据库，可以实现教务日常管理的数据存储与维护。本任务是在 Python 与达梦数据库建立连接之后，通过编程实现对教务日常数据的管理。

知识准备

Python 操作达梦数据库步骤如下：

步骤 1：导入 dmPython 模块。

```
import dmPython
```

步骤 2：新建连接。

```
conn = dmPython.connect(user='用户名',password='密码',server='主机 IP',port=端口号)
```

步骤 3：创建游标。

```
cursor = conn.cursor()
```

步骤 4：调用相应函数。

```
cursor.execute()
```

任务实施

【子任务 11-1】连接达梦数据库，查询 1004 部门的员工信息，展示员工编码、员工名称、邮箱、薪资。（以 EMPLOYEE 表为例。）

编写 Python 脚本文件 dmtestemp.py。内容如下：

```
#导入 dmPython 模块
import dmPython
#新建连接
conn = dmPython.connect('SYSDBA/Dameng123@localhost:5236')
#创建游标
cursor=conn.cursor()
```

子任务 11-1 操作演示

```
#调用相应函数，执行 SQL 命令
cursor.execute('select employee_id,employee_name,email,salary from dmhr.employee t where department_id=1004')
#获取查询结果中的所有剩余行
values=cursor.fetchall()
#遍历数据
for result in values:
    print(result)
#关闭游标
cursor.close();
#关闭连接
conn.close;
```

执行 dmtestemp.py，显示运行结果。

```
[dmdba@KylinDCA04 dmPython]$ python3 dmtestemp.py
(10004, '孙吉祥', 'sunjixiang@dameng.com', 5000)
(10113, '谢小强', 'xiexiaoqiang@dameng.com', 4987)
(10114, '王小娥', 'wangxiaoe@dameng.com', 100)
(10115, '覃春阳', 'qinchunyang@dameng.com', 5008)
(10116, '郑伯雄', 'zhengboxiong@dameng.com', 5018)
(10117, '王燕鹰', 'wangyanying@dameng.com', 5028)
(10118, '阮夏林', 'ruanxialin@dameng.com', 5038)
(10119, '熊付齐', 'xiongfuqi@dameng.com', 5048)
(10120, '竺雪凌', 'zhuxueling@dameng.com', 5059)
(10121, '王水根', 'wangshuigen@dameng.com', 5069)
(10122, '李少波', 'lishaobo@dameng.com', 5079)
(10123, '姜道奇', 'jiangdaoqi@dameng.com', 5089)
(10124, '雷峰', 'leifeng@dameng.com', 5099)
(10125, '杨刚', 'yanggang@dameng.com', 5115)
(10126, '王丽丽', 'wanglili@dameng.com', 100)
(10127, '刘青玲', 'liuqingling@dameng.com', 5134)
(10128, '张燕林', 'zhangyanlin@dameng.com', 5144)
(10129, '孟臻', 'mengzhen@dameng.com', 5154)
(10130, '陈启云', 'chenqiyun@dameng.com', 5164)
(10131, '徐宜兴', 'xuyixing@dameng.com', 5174)
```

【子任务 11-2】使用 Python 创建 T_TEST 表，表结构参考见表 11.5。

表 11.5 T_TEST 表结构

序号	字段	类型	说明
1	id	int	ID 号码
2	name	varchar(20)	姓名

SQL 语句：

```
create table t_test (id int, name varchar(20));
```

创建 dmtest1.py 文件，使用 Python 操作达梦数据库，插入测试记录，并删除和更新记录，查询插入的数据及更新和删除后的数据信息。

```
import dmPython
conn=dmPython.connect(user='SYSDBA', password='Dameng123', port=5236)
```

```
cursor = conn.cursor()
cursor.execute('create table if not exists t_test (id int, name varchar(20))')
cursor.execute('insert into t_test values(?,?)', 1, 'cheng')
cursor.execute('insert into t_test values(?,?)', 2, 'qing')
cursor.execute('select * from t_test')
values = cursor.fetchall()
for i in values:
    print(i)
id=input('请输入参数 id, 将更新对应的数据:')
cursor.execute('update t_test set name =? where id=?', 'test',id)
id=input('请输入参数 id, 将删除对应的数据:')
cursor.execute('delete from t_test where id=?',id)
cursor.execute('select * from t_test')
values = cursor.fetchall()
for i in values:
    print(i)
cursor.close()
conn.close()
```

执行 python dmtest1.py，运行结果如图 11.8 所示。

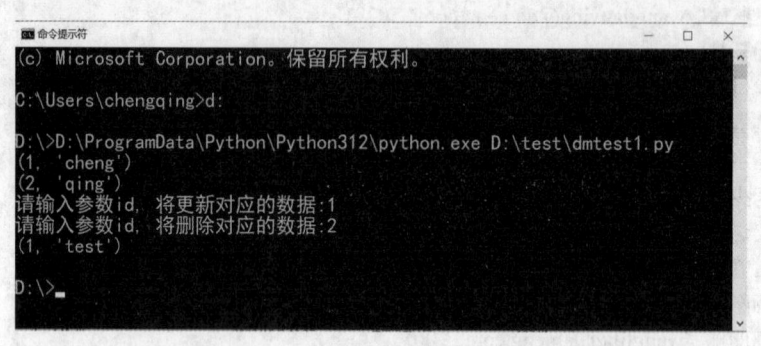

图 11.8　增删改查操作结果

任务小结

编写 Python 程序时，遵循以下几个步骤：

（1）导入 dmPython。

（2）建立连接 connect。

（3）生成游标 cursor。

（4）游标执行 SQL 操作语句。

（5）处理数据结果。

（6）关闭游标。

（7）关闭连接。

习　题　11

1. Python 可以直接连接达梦数据库吗？为什么？
2. 简述用 Python 连接达梦数据库的几种方法。

3．Python 与达梦数据库建立连接时，需要指定哪些属性？

4．如何判断 Python 与达梦数据库连接成功？

5．简述编写 Python 代码操作达梦数据库的步骤。

6．请分别说明在使用 Python 操作达梦数据库过程中 cursor()函数、execute()函数、fetchall()函数的作用。

参 考 文 献

[1] 张海粟，朱明东，王龙，等. 达梦数据库应用基础[M]. 2版. 北京：电子工业出版社，2021.

[2] 吴照林，戴剑伟. 达梦数据库SQL指南[M]. 北京：电子工业出版社，2016.

[3] 付强. 达梦数据库开发实战[M]. 北京：清华大学出版社，2023.

[4] 达梦技术文档. JDBC接口[EB/OL].（2024-08-01）[2024-12-01]. https://eco.dameng.com/document/dm/zh-cn/app-dev/java-jdbc.html.

[5] 达梦技术文档. Python数据库接口[EB/OL].（2024-08-01）[2024-12-01]. https://eco.dameng.com/document/dm/zh-cn/app-dev/python-python.html.